복어는 복어독을 만들지 않는다

복어는 복어독을
만들지 않는다

초판1쇄 발행일 2019년 6월 5일

지은이 전중균
펴낸이 이원중

펴낸곳 지성사 출판등록일 1993년 12월 9일 등록번호 제10-916호
주소 (03458) 서울시 은평구 진흥로 68(녹번동) 정안빌딩 2층(북측)
전화 (02) 335-5494 팩스 (02) 335-5496
홈페이지 www.jisungsa.co.kr 이메일 jisungsa@hanmail.net

ISBN 978-89-7889-416-6 (03470)

이 도서의 국립중앙도서관 출판예정도서목록(CIP)은 서지정보유통지원시스템 홈페이지
(http://seoji.nl.go.kr)와 국가자료공동목록시스템(http://www.nl.go.kr/kolisnet)에서
이용하실 수 있습니다. (CIP제어번호: CIP201920483)

복어는 복어독을
만들지 않는다

전중균 지음

지성사

들어가는 글

치명적인 맛과 독, 복어에 빠지다

필자가 복어를 처음 만난 건 대학을 졸업한 이후였다. 물론 복어라는 이름을 들은 건 그보다 훨씬 전이었지만, 대부분의 사람들이 그렇듯 필자도 복어라는 이름에서 연상할 수 있었던 건 치명적일 정도로 무서운 독을 가진 물고기이며 특히 내장이 무섭다는 정도의 낮은 수준에 불과하였다. 그러다가 복어의 맑은국이 해장국으로 인기가 높다는 이야기를 애주가인 친구들에게 듣고는, 대체 어떤 성분이 들어 있어 그런지를 실험해보기 위해 복어를 구입하러 부산 자갈치시장에 갔다가 복어가 여러 종류라는 사실을 알고 난감했던 기억이 새롭다. 그만큼 복어라는 어류에 문외한이었지만 일본에 유학을 가면서 운명처럼 복어독(tetrodotoxin; TTX)과 처음 조우하였다.

그때까지는 복어독이란 것이 복어에만 들어 있는 고유한 독성분으로 막연히 알고 있었는데, 필자가 유학을 시작하였을 무렵에는 복어독이 복어 외에 명주망둑 같은 어류를 비롯해 캘리포니아도롱뇽 같은 양서류, 표범무늬낙지 같은 두족류 등에서도 확인되던 시기였고, 유학하는 동안 운 좋게도 나팔고둥을 비롯한 몇몇 소형 고둥류, 그리고 불가사리류와 납작벌레 등에서 복어독을 찾아내는 데 성공하였다. 특히 복어독 보유동물의 장내세균이 복어독을 만든다는 사실을 세계에서 처음으로 밝혀내면서 연구자로서의 기쁨을 만끽할 수 있었던 일은 이제 와 생각해도 가슴이 뿌듯해진다. 이처럼 복어독은 필자에게는 아무런 대가를 바라지 않고 무한한 사랑을 마구 퍼주는 첫사랑과 같은 존재였다.

하지만 첫사랑은 이루어지지 않는다는 말이 있듯이, 그렇게 소중한 기회를 얻어 신명나게 연구하며 즐거운 유학 시절을 보냈지만 막상 귀국한 다음에는 당시의 국내 환경이 이런 연구를 계속할 수가 없었기에 열성을 다하지 못했다는 것이 지금도 마음에 걸린다. 그때 함께 공부했던 동료들이 30년이나 지난 오늘날 일본의 유수한 대학에서 쉼 없이 복어독 연구를 계속하는 걸 보면 마냥 부러운 마음이 들기도 한다.

이제 필자도 머지않아 대학에서 정년을 맞이할 것이다. 그래서인지 요즘 들어 가끔씩 지나온 길을 되돌아보곤 하는데 그럴 때마다 왠지 허전한 마음이 들면서 전에 밟았을 발자국마저 보이지 않는 것 같아 서운함이 일었다. 그러던 중 국내에는 아직 복어독에 대한 전문서적은 고사하고 교양서적마저 미비하다는 것을 알게 되었고, 그래서 어쩌면 복어독을 이참에 정리하면 좋겠다는 생각이 들었다. 혹시 복어독이 자기를 정리할 수 있는 기회를 필자에게 주려고 그동안 묵묵히 기다렸던 것이 아닌가 하는 생각마저 든다.

이 책은 일반인이 읽어서 쉽게 이해할 수 있는 교양서적이면서도 연구자를 위한 기초적인 서적으로도 활용할 수 있도록 구성하려고 노력하였다. 그렇지만 복어에 관한 인문사회적인 글을 국내 문헌에서 찾기가 쉽지 않아 아쉽지만 일본의 문헌이나 자료를 많이 활용하였으며, 자연과학 분야의 글은 과거에 함께 공부하던 동료들이 일궈낸 훌륭한 연구 성과를 소개하였다. 가능하면 전문적인 용어를 줄이고 누구나 쉽게 이해할 수 있게 쓰려고 하였으나, 전문용어가 나오는 부분이 적지 않아 미리 죄송스런 마음을 전한다. 그리고 여전히 미흡한 부분이 많겠지만, 그것은 순전히 필자의 부족함 때문이므로 많은 지적을 해주길 바라며 부족한 내용의 보완 등은 앞으로 후학들이 채워주기를 기대한다.

이 책을 출간함에 있어, 필자를 학문의 길로 이끌어주신 부산수산대학(현 부경대학교)의 고 이응호 교수님과, 복어독을 만나게 하고 지금까지도 많은 격려와 지도를 해주시는 도쿄대학의 하시모토 가네히사[橋本周久] 교수님, 노구치 다마오[野口玉雄] 교수님께 진심으로 감사의 말씀을 올리고 싶다. 아무쪼록 이 책이 많은 분들의 관심과 사랑을 받을 수 있게 되길 바란다.

전중균

/ 차례 /

복어와 복어독

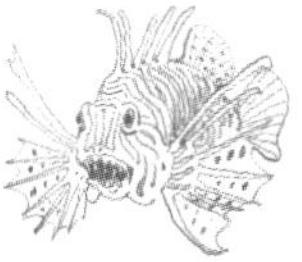

사람과 복어

복어
河豚
ふぐ

복어 예찬

。

01

지구상에 존재하는 수많은 물고기 가운데 복어처럼 숱한 화제를 뿌리고 다니는 어류가 또 있을까? 아마 없을 것이다. 그럼 무엇 때문에 사람들이 그토록 관심을 가지는 것일까? 한번 살펴보자.

우선은 그 맛이다.

중국의 유명한 시인이었던 소동파(蘇東坡, 1037~1101년)는 "정말로 죽음과 바꿀 만한 맛이다"라고 말했다고 한다. 물론 소동파는 바다에 사는 복어가 아니라 양쯔[揚子]강에 산란하려고 거슬러 올라오는 복어, 곧 황복일 가능성이 큰데 이를 말한 것이다. 오늘날과는 다르게 당시에는 복어를 주로 쪄서 먹었지만 요즘은 대개 회로 먹는다. 이렇게 먹는 법은 달라도 맛에 대한 평가는 예나 지금이나 변함이 없는 듯하다.

다음은 독이다.

복어가 사람을 죽일 정도의 독을 가지고 있지 않았다면, 이 정도로 관심을 끌지 못했을 것이라 생각하는 이들도 적지 않다. 그런 점에서 복어독(영어로는 테트로도톡신tetrodotoxin이라고 한다)은 남달리 사람을 끄는 힘이 있음에 틀림없다.

복어를 제대로 손질해서 만든 요리라면 독 때문에 중독될 리 없다는 걸 알고 있으면서도 우리는 끊임없이 복어의 독에 대해 이야기를 하며, 가끔은 복어독에 중독되어 자신의 혀가 살짝 마비되었다고 하는 이야기를 듣기도 한다. 회를 찍어 먹던 식초나 고추냉이의 매운맛 때문에 그렇게 느꼈을 수 있는데도 말이다. 조금은 주변 사람들에게 우쭐대고 싶은 마음 때문에 그랬을지도 모르겠다.

복어 음식에는 제철과 격식이 있다고 한다.

복어의 계절은 겨울이다. 그래서 주당들은 매년 겨울철을 기다린다. 회로도 먹지만 추운 겨울 따스한 국물이 있는 맑은 탕이 안주로는 가장 훌륭하다고 생각하기 때문이다. 물론 복어 중에서도 가장 윗자리라고 하는 자주복이 주로 잡히는 시기가 겨울인 것도 한몫한다고 여겨진다.

복어회는 담는 그릇도 따로 있다. 만약에 여러분이 채색화가 그려진 큰 접시에 담겨 나온, 그래서 바탕의 그림이 보일 정도로 얇게 썬 복어회를 본 적이 있다면 이 말이 이해될 것이다. 복어회가 담긴 접시를 보면 마치 세밀화를 보는 듯한 극치의 아름다움을 느낄 수가 있다. 그래서인지는 모르지만 유명한 복어음식점에서는 회를 담는 그릇으로 대부분 유채색의 그림이 그려진 접시를 사용하며, 그림이 얼마나 온전하게 보이는지에 따라 곧 얇게 썰었는지에 따라 조리사의 솜씨를 판단한다고 한다. 이렇게 나온 회는 너무 아름다워 젓가락을 대기가 아까울 정도이다.

한편, 복어도 죽어서 껍질을 남긴다.

죽어서 가죽을 남기는 건 호랑이만이 아닌 듯하다. 복어는 평상시에는 수족관 안에서 둥근 몸으로 느릿느릿 조용히 유영을 하다가도 화가 나거나 위협을 느끼기라도 하면 갑자기 배를 부풀리는 이상한 습성이 있다. 그래서 사람들은 복어가 죽은 다음에 박제를 해서 피리처럼 불기도 하고, 풍선처럼 만들어 매달아두기도 한다. 호랑이의 박제는 사람들에게 살아생전의 용맹함을 보여줄 수 있지만, 복어의 박제는 죽어서도 자신의 몸으로 사람들에게 즐거움을 주려는 모습인 듯해 왠지 애잔함이 느껴지기도 한다.

복어는 오래전부터 인류와 깊은 관계를 맺었던 물고기이다.

고대인들은 복어를 주로 불에 구워 먹었으나 오늘날에는 날로 많이 먹는다. 물론 어느 시대건 복어는 독 때문에 위험하니 먹지 말라는 얘기가 있었다. 하지만 이 말을 뒤집어보면 그만큼 사람들은 복어를 계속 먹어왔다는 말이기도 하다.

세계적으로도 복어를 가장 많이 먹는 일본에서는 16세기 말에 도요토미 히데요시[豊臣秀吉]가 복어에 대해 식용을 금지시켰고, 19세기 말에 이토 히로부미[伊藤博文]에 의해 일부 지역에서만 허가가 나기까지 수 세기 이상 식용이 금지되었는데 과연 이렇게 오랜 세월 식용이 금지되었다가 해금된 물고기가 복어 말고 또 있을지 궁금하다. 더구나 오늘날에는 복어를 잡기 위해 연안뿐 아니라 더 먼 중국해까지 나가는 걸 보면 복어에 대한 일본인들의 집착이 느껴진다. 어쩌면 언젠가는 복어도 조기처럼 마냥 귀해져서 일반인들은 쳐다만 봐야 하는 날이 올지도 모를 텐데, 그러니 지금이라도 복어에 대해 감사하는 마음을 가지는 것이 어떨까 싶다.

복어는 복어(福魚)다

◦

02

우리말 사전을 살펴보면, 복어라는 이름 중의 '복'은 순수 우리말이라 한자가 없는 듯하다. 그렇지만 대다수의 사람들은 복어의 복을 복(福)으로 알고 있는 듯하고, 그래서 복어(福魚)라고 쓰는 경우가 많다. 하지만 중국과 일본에서는 복어를 '하돈(河豚)'이라고 한다.

'하돈'이라는 말은 우리말도 아니고 일본말도 아니고 중국말이다. 이 말을 중국에서 언제부터 썼는지는 알 수 없지만, 당송시대의 유명한 시인인 소동파가 복어를 언급할 적에 '하돈'이라는 말을 썼기 때문에 그보다는 앞선 때였을 것이다. '하돈'을 중국어로는 '허투운'이라고 발음한다.

일본에서는 복어를 '하돈'이라 쓰고 '후구'라고 읽는다. 그러나 처

河

ふ  ぐ

豚

음부터 '후구'라고 읽은 것은 아니고 일본의 유명한 국어사전인 『코우지엔[広辞]』을 보면 다음과 같이 설명되어 있다. 곧 '후쿠 〉하돈(河豚) 〉후구'라고 적혀 있는데, 이것은 '하돈'을 보려면 '후쿠'가 아니라 '후구'를 보라는 의미여서 '후구'를 다시 찾아보면 아래와 같은 내용을 확인할 수 있다.

후구(ふぐ)「河豚」…

① 복어목 해산어의 총칭. 몸은 통통하며, 등지느러미가 작고, 이빨은 날카롭다. 수면에서 공격을 받으면 공기를 빨아들여 복부를 팽창시키는 것이 많다. 살은 담백하며 맛있지만 내장 등에는 독을 가진 것이 많다. 검복, 청복, 거북복 등이 포함되며 후쿠, 가톤, 후쿠베, 후구토, 고우이 등으로 불린다.

② 미꾸라지(鰍, 가지카)**의 사투리이다.**

일본에서 가장 오래된 중일(中日)사전인 『왜명류취초(倭名類聚抄)』에는 '후쿠' 또는 '후쿠헤'로 적었다고 하며, 일본야소회(日本耶蘇會, 일본예

수회)가 나가사키[長崎]학림에서 1603년에 간행한 일본-포르투갈어사전『일포(日葡)』에는 '후쿠' 또는 '후쿠타우'라고 되어 있다.

역사적으로 보면 복어를 '후쿠'라고 부르는 게 맞겠지만, 오늘날 일본에서는 '후구'로 통일되어 있다. 이것은 도쿄를 중심으로 하는 지역에서 사용했던 방언이 표준어처럼 쓰이고 있기 때문이다. 물론 아직도 일본에서 복어의 본고장이라고 자타가 인정하는 규슈[九州]의 시모노세키[下關]에서는 당연히 '후쿠'라 부르고 있으며, '후구'라 불리는 것을 아주 싫어한다. 왜냐하면 '후쿠'는 복(福)이라는 말과 발음이 같지만, '후구'는 불우(不遇)하다라는 말과 발음이 같기 때문이다.

다시 본론으로 돌아가서, 본래 바다에서 살다가 강(河)으로 산란하러 올라오는 복어에 돼지(豚)라는 이름을 붙여 강돼지(河豚)라 부르는 것은, 복어 입장에서 본다면 억울할 것이다. 굳이 돼지라는 이름을 붙여야 한다면 강돼지(河豚)가 아니라 바다돼지(海豚)가 그나마 맞겠지만, 안타깝게도 이미 바다돼지(海豚)라는 이름은 돌고래를 가리키는 말로 쓰이고 있으니, 아쉽지만 복어가 참을 수밖에 없을 것 같다.

복어는 바다에서 사는데 왜 하돈(河豚)이라 부를까?

。

03

앞에서 중국에서는 복어를 하돈(河豚)이라 부른다고 하였다. 그런데 바다에서 잡히는 물고기를 어째서 '물 하(河)'에 '돼지 돈(豚)'을 붙여 '하돈(河豚)'이라고 하는 것일까?

이에 대해 오래전에 일본 오사카[大阪]의 의사이던 데라지마 료안[寺島良安]이 『화한삼재도회(和漢三才図会)』라는 책에서 말하길, "조사해 보니 하돈어(河豚魚), 곧 하천이라는 이름을 붙였으나 하천에는 복어가 없고 강이나 바다에만 있기 때문에 해돈(海豚)이나 강돈(江豚)이라고 해야 할 터인데 어째서 하돈(河豚)이라고 하는가"라며 의문을 제기하였다. 그렇지만 당시에도 해돈(海豚)이나 강돈(江豚)이라는 말은 이미 돌고래를 뜻하는 말로 쓰이고 있어서 사용할 수 없었다.

하돈이라는 이름이 생겨난 것은, 한자의 본고장인 중국에는 오래전

부터 하천에도 복어가 있었기 때문이다. 그 복어는 우리말로는 황복이라고 하고, 일본어로는 '메후구[眼河豚]'라고 하는데, 『신일본동물도감(新日本動物図)』에는 "일본 주변에는 분포하지 않지만, 동중국해에서 잡힌 것이 후쿠오카 등지의 시장에 간혹 올라온다. 한반도 서쪽부터 남중국해에 분포하며, 산란을 할 때는 강을 거슬러 올라간다. 양쯔강에서는 멀리 선창(宣昌)까지 올라간다. 복어를 하돈이라고 하는 건 분명 일리가 있다"고 적혀 있다. 우리나라에서도 과거에는 서해와 연결된 모든 강에서 봄철이면 황복을 볼 수가 있었다고 하지만, 오늘날에는 수질 환경이 나빠진 데다 댐이나 보 등의 시설이 만들어져 바다에서 강으로 거슬러 올라가기가 매우 어렵게 되면서 그나마 이런 조건이 나은 임진강에서만 잡히고 있다.

그렇다면 '돈(豚)'은 왜 붙었을까?

복어의 모습이 돼지와 비슷하다고 해서 따온 것이라는 설도 있고, 새끼 돼지처럼 맛이 좋기 때문에 따온 것이라는 설도 있지만, 이런 설명만으로는 뭔가 좀 부족하다. 그래서 한 가지를 더 추가하자면 돈(豚, 돼지)은 저{猪, (멧)돼지}이기도 해서 쉽사리 화를 내는 (멧)돼지의 모습을 떠올릴 수 있는데, 복어도 돼지처럼 쉽게 화를 내며 배를 부풀리는 모습 때문에 돈이라는 이름을 붙였다는 설도 있다. 나름 일리가 있어 보인다.

이처럼 비록 강(河)에서 잡히지만, 땅에 사는 돈(豚)이나 저(猪)와는 여러 면에서 공통점이 있다 보니 하돈(河豚)이라는 이름이 붙은 게 아닐까 생각한다.

복어의 한자 이름들

°

04

복어처럼 이름이 많은 어류도 아마 없을 것이다. 일본에서는 현재 후구[河豚]가 가장 많이 쓰이지만, 이전에는 복(鰒)이라고 많이 했던 듯하다. 그런데 복(鰒)이라는 건 본래 석결명(石決明), 곧 전복(鰒)을 뜻하는 것이어서 다음과 같이 웃지 못할 일도 벌어졌다고 한다.

『연석잡지(燕石雜誌)』라는 책에는 다음과 같은 이야기가 적혀 있다.

"약초에 대해 많이 알고 있다고 자부하던 어느 의사가 환자로부터 자기가 먹어서는 안 되는 것과 먹어도 좋은 것을 구별해달라는 요청을 받았다. 환자가 보내온 이름표 중에서 복(鰒)을 보고는 당연히 전복이라 생각하고는 먹어도 좋다는 쪽의 바구니에 집어

넣었는데, 바구니를 받은 환자는 이를 당연히 복어라 생각하고는 즐거운 마음으로 복어를 먹었다. 그런데 그만 그 밤에 죽고 말았다."

우리나라에서도 조선시대에 복어(鰒魚)는 전복을 가리키는 말이었고, 실제 복어는 하돈(河豚)이라고 했다는 기록이 있다. 『조선왕조실록』을 보면 문종 2년 5월 14일의 기록에, "세종(世宗)께서 일찍이 몸이 편안하지 못하므로 임금(문종)이 친히 복어(鰒魚)를 베어서 올리니 세종이 맛보게 되었으므로 임금이 기뻐하여 눈물을 흘리기까지 하였다"는 내용이 나오는데, 여기서 말하는 '鰒魚'는 전복을 말하는 것이지 오늘날의 복어를 말하는 것이 아니다. 조선 후기의 생활백과사전인 『규합총서(閨閤叢書)』에도 오늘날 우리가 말하는 복어를 '하돈'이라 표기하고 있다.

그럼 중국에서는 어떨까? 또 복어는 언제부터 기록이 남았을까?

중국 글자인 한자는 기원전 십 수 세기 전의 은나라 때부터 사용되어왔기 때문에 복어에 대한 기록도 당연히 오래되었을 것이라 생각한다. 하지만 실제 복어에 대한 기록으로 가장 오래된 것은 지금부터 2200~2300년 전 전국시대의 진나라 시황제 때 쓰인 『산해경(山海經)』이라는 책에 남아 있다. "돈수출언동류주우안문지수 기중다패패지어 식지살인(敦水出焉東流注于鴈之水, 其中多鯆鯆之魚, 食之殺人)", 곧 "돈수(敦水)가 나와서 동쪽으로 흘러 안문(鴈们)의 물과 합쳐지는데, 그곳에는 '패패어(鯆鯆魚)'가 많고, 이걸 먹으면 사람이 죽는다"고 적혀 있다.

복어를 '적규(赤鮭)'라고도 하는데, 패패어나 적규나 모두 오늘날의 복어를 말한다. "이걸 먹으면 사람이 죽는다"고 한 걸 보면 복어가 틀림없다.

후한시대의 왕충(王充)이 지은 『논형(論衡)』에는 "규간사인(鮭肝死人)", 곧 복어의 간은 사람을 죽게 만든다고 나와 있고 수나라의 소원방(巢元方)이 지은 『병원후론(病源候論)』에는 "태어차간급복내자유대독불가식, 식지왕왕치사(鮐魚此肝及腹內子有大毒不可食, 食之往往致死)"라 적혀 있는데, 이는 "태어(鮐魚), 곧 복어의 간과 난소에는 큰 독이 있으니 먹으면 안 된다, 이걸 먹으면 왕왕 죽음에 이르기도 한다"는 말이며, 또한 『이아익(爾雅翼)』에도 "규(䲅)는 눈을 뜨거나 감을 수 있으며, 물체에 닿으면 공처럼 배를 부풀리며 떠오른다"는 말이 나온다.

이처럼 중국의 여러 문헌에 나오는 하돈(河魨), 하돈(河豘), 돈어(豚魚), 규(鮭), 패(鯆), 규(䲅), 태(鮐), 후(鯸), 이(鮧), 후이(鯸鮧), 후이어(鯸鮧魚), 호이어(鰗鮧魚), 반어(斑魚), 반자(斑子), 추(鯫), 후태(鯸鮐), 포어(鮑魚), 오랑(烏郎), 황구(黃駒), 진어(嗔魚), 탐어(探魚), 기고어(氣鼓魚), 기포어(氣包魚), 취토어(吹吐魚), 취두어(吹肚魚), 계포어(鷄泡魚), 청랑군(靑郎君) 등은 모두 복어를 가리키는 이름이며, 일본과 우리나라에 사는 복어 종의 독성을 조사한 복어 연구가 일본의 다니 이와오[谷巖] 박사가 찾아본 바에 따르면 200가지나 된다고 한다.

복어의 여러 이름들(일본)

°

05

복어를 가리키는 한자어가 상당히 많다는 것은 앞서 살펴본 바와 같다. 우리나라에서도 글로는 하돈이라고 썼을지 모르지만, 일반인들은 복 또는 복어, 복지리, 복쟁이 등으로 불렀다. 이와 마찬가지로 일본에서도 글로는 하돈(河豚)으로 썼지만, 부를 때는 앞에서 살펴보았듯이 '후구'나 '후쿠' 외에도 '후쿠헤', '후구토', '뎃포', '뎃치리', '뎃사' 등 여러 이름으로 불렸다.

그중에서 '뎃포'라는 말은 철포(鐵砲), 즉 쇠로 만든 총을 가리키는 말인데, 에도[江戶]시대 말기에 쓰였다는 『매원일기(梅園日記)』를 보면, "에도의 천민들은 하돈을 '뎃포'라고 하는데, 이것은 맞으면(=중독되면) 즉사한다는 뜻이다"고 적혀 있으며, 1844년에 능옥길병위(菱屋吉兵衛) 등이 쓴 『중수본초강목계몽(重修本草綱目啓蒙)』에도 '뎃포'라 부른다고 나와 있고, 『물류칭호(物類称呼)』란 책에도 "에도에서는 복어를 '뎃포' 라고도 부른다. 이것에 맞으면 급사한다는 뜻이다"라고 적혀 있는 걸 보면 아마도 일본 전역에서 '뎃포'라고 불렸던 것 같다.

그런데 '뎃포'라 부르는 이유도 여럿 있다고 전해지는데 총(텟포)과 마찬가지로 맞으면(중독되면) 반드시 죽기 때문이라는 설이 있고, 당시의 총은 화승총이라서 정확도가 낮아 과녁에 정확하게 맞지 않기 때문에 복어중독이 쉽게 일어나지는 않지만 일어나면 목숨이 위험하다는 의미로 쓰였다는 설도 있다. 치바[千葉] 지방에서는 '도미[富]'라고도 했는데, 이것은 에도시대에 유행했던 오늘날의 복권에 해당되는 '도미쿠지[富籤]'처럼 좀처럼 걸리지(=당첨되지) 않는다는 의미에서 따왔다는 얘기도 있다.

그 밖에 '기타마쿠라[北枕]'라고도 불렸다는데, 북쪽을 향해 베개를 벤다는 뜻은 죽었다는 걸 의미하는 말이어서 복어독에 중독되면 죽는 확률이 높기 때문에 붙은 이름이라 생각된다. 이와 비슷한 말로는 '간바'로, 관을 뜻하는 '간바코[棺桶]'에서 유래한 것이다. 가고시마 지방에서는 '줏텐톤'이라 불렸는데, 이는 복어독에 중독되면 열 번씩이나 몸이 뒤틀릴 만큼(十転) 괴롭기 때문이라고 한다. 여하튼 이렇게 죽음을 뜻하는 여러 이름과 연관되어 복어가 불렸다는 건, 그만큼 복어독에 중독되면 살아남기 어려울 뿐 아니라 고통스럽기 때문이라고 생각된다.

복어는 언제부터 먹었을까?

○

06

다 아는 사실이지만, 복어에는 독이 있다. 독이 들어 있는 부위를 먹으면 상당히 위험하며 심한 경우에는 죽기도 한다. 요리법이 많이 발달했다는 오늘날에도 조리한 요리를 먹고 죽거나 위급한 상황이 발생하는 경우가 끊이지 않는다. 그렇다면 이렇게 위험한 복어를 우리는 언제부터 먹어왔던 것일까?

물론 맛있는 걸 먹고자 하는 건 인간의 본능이다. 또 먹기 위해서라면 다소 위험이 존재한다는 걸 알면서도 그 자체를 즐기려고 한다. 아마 위험할지도 모른다는 점이 구미를 더욱 자극하는 건 아닌가 싶다.

복어를 먹는 나라는 대개 우리나라, 일본, 중국, 대만, 태국, 방글라데시 등 주로 동북아시아와 동남아시아 국가들에 국한되어 있지만, 고대 이집트 왕릉의 벽화에도 복어가 그려져 있는 것으로 보아 이집

트인들 역시 복어를 먹었을 것이라 추정된다.

한편, 인류가 복어를 먹은 역사는 구석기시대까지 거슬러 올라간다고 하는 것이 일반론이다. 그것은 석기시대의 조개무덤(貝塚)에서 복어의 뼈가 다른 물고기들의 뼈와 함께 출토되기 때문이다. 우리나라에서는 경남 김해의 수가리(水佳里) 조개무덤에서 대구, 농어, 돔 등의 뼈와 함께 복어 뼈가 출토되었기에 우리 조상들도 아주 오래전 신석기시대부터 복어를 먹었다는 걸 짐작할 수 있다. 일본에서도 시모노세키의 야스오카[安岡]에서 발굴된 시오마치[潮待] 조개무덤에서 2000년이 넘은 복어 뼈와 성게 가시가 발굴되었고, 중국에서는 황해와 인접한 산둥성의 구가장(邱家庄)이나 대중가(大仲家)의 신석기시대 패총에서 복어 뼈가 확인되기도 하였다.

그렇다면 복어를 어떻게 해서 먹었을까 하는 의문이 남는다. 일본이나 우리나라에서는 생선을 날로 먹는 회 문화가 일찍부터 있었다고 하지만, 과연 복어도 처음부터 날로 먹었는지에 생각이 미치면 아무래도 그렇지는 않았을 것 같다. 아마도 나뭇가지를 모아 태운 불로 굽거나, 물을 부어 탕으로 끓여 먹지 않았을까 싶다. 아무튼 복어는 상당히 오랜 세월을 우리와 함께해온 귀중한 식량자원이라는 사실은 틀림이 없는 듯하다.

복탕의 역사적 사실

◦

07

소동파(蘇東坡)의 제자인 장뢰(張耒)가 쓴 『명도잡지(明道雜誌)』를 보면, "이 물고기(복어)는 꼭 무리를 이루면서 나타나기 때문에 한 번의 그물질만으로도 수십 마리를 잡을 수가 있고, 처음 나올 때는 산지에서도 아주 비싸며, 시기는 중춘경(음력 2월)이다. 오국(吳國) 사람들이 이 시기에 손님을 대접할 때는 반드시 이 물고기를 내놓는데, 그렇지 않으면 손님을 제대로 대접하지 않은 것이라 할 만큼 중요하게 여긴다. 가장 맛있게 조리하는 방법은 두 번 끓이는 것으로, 오국 사람들은 대개 이 물고기로 아침에 갱(羹, 고기·야채를 넣은 뜨거운 국)을 만들어 두었다가 손님이 오면 데워서 내놓는다"고 적혀 있다. 이걸 보면 끓여서 탕으로 먹었음이 분명하다. 소동파가 가장 좋아했다는 복어는 황복이라는 것인데, 다행히 근육과 정소에는 독이 없어서 먹을 수 있지만 껍질이나 간장, 난소는 강독 내지는 맹독이라 절대로 먹어서는 안 되는 부위이다. 복어 마니아인 소동파가 그걸 모를 리는 없었을 테고, 아마도 별 문제 없이 즐겼을 것이다.

그리고 일본의 기록을 보면, 가와사키 노부사다[河崎延貞]가 쓴 『석거기담(磐居紀談)』에는 "원록(元祿) 5년 임신(壬申)년 2월 15일에 맞은편 가와사키[川崎]에 사는 주베이[忠兵衛]라는 사람이 복어를 사 와서 알과 장을 삶아 조리해서…"라고 나와 있고, 『매옹수필(梅翁隨筆)』에는 "복국을 만들어…"라고 나와 있으며, 스즈키 도야[鈴木桃野]가 쓴 『호고노우라가키[反古のうらがき]』에는 "밤이 되면 복국에 술을 마시면서 추위를 견디는 사람들이 많다"고 적혀 있다. 또 『모야수필(桃野隨筆)』에는 "그날 밤에 복국을 먹고…" 등등이 기록되어 남아 있다. 이들은 모두 복어를 탕으로 끓여 먹는 모습을 그리고 있다.

생선을 먹을 때 불에 구워 먹는 것이 가장 원초적인 방법이라고 한다면, 물을 부어 끓여서 탕(湯)을 만들어 먹는 것은 이보다 한 단계 진보된 방법이 아닐까 생각한다. 먹을 소재가 부족했거나, 귀한 재료를 주변의 여러 이웃들과 함께 나눠 먹을 수 있는 방법으로는 탕만 한 것이 없을 테니까 말이다. 이렇게 탕을 만들어 먹었던 것에서 오늘날의 복탕(fugujiri)이 만들어진 것은 아닐까 생각한다. 물론 우리나라에서도 조선시대에 이미 복탕이 백과사전이나 음식 책에 나올 정도로 유행했다고 하니, 입맛이나 음식에 대한 철학은 지금과 크게 다르지 않았던 듯하다.

생선회의 역사적 사실

。

08

회는 언제부터 먹었을까? 그리고 생선을 날로 먹는 습관은 언제부터였을까?

회를 가장 좋아하는 일본에서는 날로 먹는 새나 짐승 또는 어패류의 살을 '나마스'라고 하는데, 글로 나타낼 때는 소재에 따라 약간 다르다. 곧 새나 짐승의 살인 경우에는 '잘게 저민 날고기'라는 의미에서 회(膾)라 쓰고, 어패류일 경우에는 회(鱠)라고 쓴다. 그러니 아무래도 '나마스'라는 말에서 '사시미(회)'라는 말이 분화된 듯하다.

『송미필기(松尾筆記)』(연대 미상)라는 책에는 "회(膾)는 '사시미'라고 불리며, 회를 만드는 방법은 아시카가[足利] 장군 때 정해졌을 것이다"라고 적혀 있다. 아시카가시대는 우리나라로 치면 고려 말에서 조선 초에 상당하는 1338년부터 1588년까지 약 250년간이었으므로, 지금부터 따져보면 이미 약 500년 전부터 회를 먹기 시작했다고 생각할 수 있겠다.

그럼 우리나라에서는 언제부터 회를 먹었을까?

아마도 고려시대는 불교를 숭상하던 시대였으므로, 육식을 즐겼다고 한다면 그 전이었거나 또는 그 후의 조선시대부터가 아니었을까 생각된다. 공자도 회를 좋아하였으니 숭유주의(崇儒主義)의 사조에 따라 조선시대에는 별다른 저항감 없이 자연스럽게 육류나 어패류의 회를 접했을 것이라는 견해도 있다. 실제로 조선 후기의 학자인 조재삼(趙在三)이 지은 『송남잡식(松南雜識)』에서는 생선의 회를 '회(鱠)'로, 그리고 고기의 회를 '회(膾)'로 표기하였으며, 또한 1800년대 말에 지어진 것으로 추정되는 작자 미상의 조리서인 『시의전서(是議全書)』에 어회(魚膾)에 관하여 "민어의 껍질을 벗겨 살을 얇게 저미고 살결대로 가늘게 썰어 기름을 발라 접시에 담아 겨자와 초고추장을 식성대로 쓴다"고 되어 있음을 보면, 늦어도 조선시대에는 생선회를 먹었을 것이라 여겨진다.

그런데 우리나라에서는 생선회를 먹을 적에 주로 초고추장을 사용하지만, 고추가 보편화되기 이전에는 겨자를 많이 사용하였다고 한다. 또 생선회의 보급이 식초와 연관이 있다고 보았을 때, 언제부터 식초를 사용했는지를 알아보면 그 기원을 짐작하는 데 도움이 될 수 있을 것이다. 우리나라에서 식초를 사용한 시기를 정확히 알 수는 없지만 식초의 기원과 발달이 술과 직결된다고 본다면, 양조법은 삼국시대 이전부터 있었으므로 식초도 같은 시기에 있었을 것으로 추측할 수 있겠다. 고려시대에는 식초의 제조법에 관한 기록은 없으나 초를 이용한 기록들은 여러 문헌에 나타나고 있고, 조선 중기인 1614년에 이수광(李睟光)이 편찬한 일종의 백과사전인 『지봉유설(芝峯類說)』에 "식초를 다른 말로는 '쓴 술'이라고 한다"는 기록이 남아 있는 것으로 미루어, 식초의 역사도 오래되었을 것이라 짐작한다. 이 밖에 『해동역사(海東繹史)』(조선 후기 한치윤 지음), 『향약구급방(鄕藥救急方)』(조선 초기 작자 미상), 『고사촬요(攷事撮要)』(조선 중기 어숙권 지음) 등에도 식초에 관한 기록이 남아 있다.

복어로 만든 술의 종류

°

09

일식당이나 초밥가게를 찾아오는 손님들 중에는 식사와 더불어 술도 주문을 하게 되는데, 대부분 '히레자케(hirezake)'를 주문한다. '히레자케'란 말은 물고기의 지느러미를 뜻하는 '히레[鰭, hire]'와 술을 뜻하는 '사케[酒, sake]'가 합쳐져서 만들어진 말이다. 히레자케에 쓰이는 지느러미는 날것이 아니라 불에 약간 태워서 향미가 나도록 만들어 두었다가, 주문을 받으면 뜨겁게 데운 청주(清酒)에 담아서 제공하는 것이 보통이다. 그래서 약간 탄 듯한 향미 때문에 구수한 맛도 있지만 오래 마시거나 많이 마시기에는 적당하지 않다. 무슨 연유인지는 모르겠지만 '히레자케'에 사용되는 지느러미는 '반드시'라고 해도 될 정도로 복어의 것만을 사용한다.

지느러미를 태울 적에도 적당하게 태우는 것이 중요한데, 만약 덜

태우면 생선 비린내가 심해서 술맛이 떨어진다. 이때 사용하는 청주가 2급주이면 1급주의 맛이 되고, 1급주라면 특급주 수준의 술맛이 된다고 주장하는 마니아들이 많은 걸 보면, 맛은 확실히 좋아지는 듯하다. 그렇다고 분위기에 젖어 마시다 보면 흠뻑 취하게 될 테니 조심하는 게 좋겠다.

일본에는 지느러미 말고도 복어 회나 정소로 만든 '미자케[身酒, mizake]'나 '시라코자케[白子酒, sirakozake]'도 있다.

'미자케'란 지느러미 대신에 '사시미', 곧 복어의 살을 넣어 만든 술로 짭조름하게 하려고 소금을 살짝 뿌리기도 한다. 이 때문에 짜지 않을까 걱정할 수 있으나 전혀 그렇지 않고 오히려 단맛이 강해진다고 하니, 약간 단맛의 술을 좋아하는 사람이라면 좋을 듯하다. 요즘 젊은 여성들은 과일로 만든 술을 좋아한다는데, 어쩌면 '히레자케'보다는 '미자케'가 더 맞을지도 모르겠다.

‘시라코자케’는 복어 정소에 뜨겁게 데운 청주를 부어서 만든다. 대개 정소는 뜨거운 물에 살짝 데쳐서 부드러운 연두부처럼 해서 먹기도 하고, 소금을 뿌려 소금구이로 해서 먹기도 한다. 그런데 정소를 술에 담가 먹는 건 어째서일까? 어쩌면 먹다 남은 정소를 모두 먹어치우려는 생각 때문이었을지도 모르겠다. 다만 이 술의 단점은 뜨거운 술로 익혔다고는 하지만 속이 덜 익었다면 씹을 때 터져서 술이 탁해질 수가 있고, 입을 데일 수도 있다. 그래서 애주가에 따라서는 정소를 술에 빠뜨리지 않고 체에 받쳐두면서 사용하기도 한다.

이 밖에 아가미를 넣어 만든 ‘에라자케[鰓酒, erazake]’도 있다.

복어 중에서 날로 먹지 못하는 부위는 이렇게 죄다 술을 담가 먹는 걸 보면, 복어와 술은 천생 떼려야 뗄 수 없는 사이인 것 같다.

서시유(西施乳)라 불리는 복어 정소

◦

10

어류의 정소를 먹어본 적이 있는가? 아마도 먹어보지 못한 사람들이 많을 것이다. 어쩌면 아예 보지도 못했거나, 그런 걸 어떻게 먹느냐며 오히려 이상한 질문이라고 생각할지도 모르겠다. 하지만 이런 질문을 일본에서 한다면 어떤 반응을 보일까? 십중팔구 우리네와는 정반대로 그걸 아직도 먹어보지 못했느냐는 답변을 듣지 않을까 싶다.

백과사전에서 정소(精巢, sirako)를 검색해보면 다음과 같이 설명되어 있다.

"어류의 정소는 색이 불투명한 백색이며, 표면은 매끄럽다. 지방이 많고, 그 밖에 각종 영양분도 들어 있다. 난소에 비해 기호성

은 조금 떨어지지만, 영양적으로는 매우 우수한 식품이다. 어류의 종류에 따라 정소 맛도 차이가 나는데, 대구나 돔, 아귀, 복어 등의 것은 맛이 뛰어나다. …(중략)… 복어의 정소는 귀중한 부위이고, 부드러운 감촉과 단맛이 좋다. …(중략)… 정소는 된장국에 넣어서 많이 먹으며, 버터구이나 와인 졸임 등을 만들어 먹어도 좋다."

윗글에서도 알 수 있듯이 복어의 정소는 이미 오래전부터 유명했던 듯하다. 중국의 『본초강목(本草綱目)』에는 복어의 정소를 '서시유(西施乳)'라고 했다. 왜 이런 이름이 붙었는지에 대해서는 크게 다음과 같은 두 가지 설명이 있다.

첫째로, 서시는 양귀비, 왕소군, 초선과 함께 중국의 4대 미인 중 한 명으로 전국시대에 월국(越國)에 살다가 월국이 오국(吳國)에 전쟁에서 지자 오국의 왕인 부차(夫差)에게 보내졌고, 서시의 아름다움에 빠진 부차가 나라를 제대로 돌보지 못해 결국 나라가 망했다고 한다. 그만큼 서시는 절세미녀였다는 말인데, 복어의 정소가 바로 그런 절세미녀의 가슴같이 부드럽다고 하여 붙여진 이름이라는 것이다.

하지만 이런 은유적인 설명과는 달리 둘째는 앞의 정자술(시라코자케)에서도 말했듯, 덜 익은 정자를 잘못 건드려 터지기라도 하면 국물이나 술이 온통 뿌옇게 번지기 때문이라는 것이다.

어찌 되었건 물고기의 정소 가운데 이런 관심과 찬사를 받은 건 없다. 하지만 안타깝게 정소 역시 독을 가지는 경우가 있으므로, 아무리

경국지색의 느낌을받을 수 있다 하더라도 목숨까지 담보로 하면서 경험해볼 필요는 없을 것이다. 그럼에도 꼭 그 느낌을 경험해보고 싶다면 독성이 없는 안전한 복어의 정소를 맛보길 권한다.

복어 요리에는 폰스 소스가 제격이다

∘

11

만약에 유자(柚子 또는 등자橙子라고도 한다)가 없었다면 복어 요리도 오늘날의 명성을 얻지 못하고 한낱 그저 그런 요리에 불과했을 거라고 말하는 사람들이 적지 않다. 그만큼 복어 요리에서는 유자가 중요한 역할을 한다는 것인데, 유자라는 이름이 귀에 익숙한 듯하지만 좀 더 자세히 알아보도록 한다.

유자는 운향과(Rutaceae)의 귤나무속(*Citrus* L.)에 속하는 식물로 향이 매우 좋고 껍질이 두꺼워 껍질도 음식 소재로 이용되며, 남부지방에서 흔히 심는 나무이다. 귤나무속 식물들 가운데서는 겨울을 견디는 내한성이 가장 뛰어나고, 위장을 튼튼하게 하는 효과가 있다고 알려져 있다.

유자는 본래 중국 양쯔[揚子]강 상류가 원산지이며 쓰촨[四川], 후베이[湖北], 윈난[雲南], 간쑤[甘肅] 성부터 티베트에 걸쳐 야생하고 있다. 사철 푸른 상록성의 활엽 관목으로 감귤류 중 추위에는 강하지만, 더위에는 다소 약하기 때문에 온대지방에서 잘 자란다. 그 종류로는 청유자, 황유자, 실유자가 있고 한국, 일본, 중국, 일본에서 생산되며 한국산이 가장 향이 진하고 껍질이 두껍다. 겨울을 지나면 황색으로 변하고 나무 위에서 열매가 커지며 이듬해 여름에는 탁한 갈색으로 되는데, 약간 쓴맛이 나는 1월에 따서 사용하는 것이 좋다.

이 유자를 갈아서 만든 즙을 폰스(pons)라고 부르는데, 이 말은 본래 네덜란드어로서 '감귤류 즙'이라는 뜻이다. 겨울을 지나 노랗게 된 유자는 과즙이 적기 때문에 그 전에 따서 즙을 짜는 것이 좋다. 즙이 신맛을 내는 건 구연산과 같은 유기산이 많기 때문이다. 특유의 향이 있으며, 이런 향기 성분은 햇빛에 노출되거나 기온이 오르면 분해되면서 송진과 같은 수지취의 불쾌한 냄새를 내기 때문에 반드시 냉장고에 넣어 보관하는 게 좋다.

그럼 유자만 있으면 소스가 완성되는가 하면 그렇지 않다. 유자즙과 함께 복어 요리에 없어서는 안 되는 것이 바로 쪽파(일본어로는 '와게키'라고 한다)이다. 쪽파는 파와 양파의 잡종으로 경상도 지방에서는 당파라고도 부른다. 실파라고 생각하는 사람도 있지만, 실파는 어린 파를 말하는 것이라서 쪽파와는 사뭇 다르다. 그런데도 일부 음식점에서는 실파를 쪽파 대용으로 쓰기도 하는데, 실파로 만들면 쪽파보다 매운맛이 덜하여 소스로서의 품격은 떨어진다. 비싼 복어 요리를 손님에게 제공하는 음식점이라면 소스 하나에도 나름대로의 장인 정신이 깃든 것을 마련해서 손님상에 올리는 것이 좋을 것이다.

소스에는 유자즙(폰스)과 쪽파 외에도 무와 홍고추를 갈아 넣는다. 무와 홍고추를 강판에 간 것을 '아카오로시'라고 하는데, 무는 소화를 돕는 역할을 하며 이걸 유자즙과 섞으면 주황색에서 붉은색을 띠기 때문에 복어회에 대한 시각적인 자극 효과도 있겠다. 우리나라에서는 '폰스'를 단순히 식초 정도로 생각하는 사람도 있으나, 유자의 유기산 때문에 담백하게 시큼한 맛을 내는 '폰스'를 단순히 식초라고 취급한다면 '폰스'가 억울해하지 않을까 싶다.

복어중독의 민간 해독법

。

12

누구든지 복어독에 중독되었을 때 어떻게 해야 살 수 있을지에 관심이 많을 것이다. 지금도 그러한데, 요즘처럼 과학과 의학이 발달하지 않았던 옛날에는 더했을 것이다. 그래서 민간에서는 오늘날의 시각으로 보면 비과학적이라고 생각될 방법이지만 당시에는 나름대로 효과가 있다고 믿고 실시되었다. 그 가운데 몇 가지를 소개한다.

복어중독에 대한 민간요법으로는 여러 가지가 전해오지만, 그중에서도 중독된 사람을 땅에 묻거나 그 사람에게 인분을 먹이는 것이 압도적인 방법이라고 하겠다.

땅에 묻는 까닭은 중독 증상이 나타나면 혈압이 떨어지는데, 이때 신체의 말초 부분을 압박해서 혈압이 떨어지는 걸 막는 한편으로 몸을 차갑게 유지하려는 목적 때문이었을 것이다. 복어의 독성을 조사한 연구자로 유명한 다니 이와오[谷巖] 박사의 실험에 따르면, 죽지 않을 정도로 복어독을 주사한 쥐를 두 그룹으로 나누어 한쪽은 운동을 시키고 다른 한쪽은 조용히 쉬도록 놔두었더니, 운동을 시킨 쪽만 모두 죽었다고 한다. 가만히 쉬게 놔둔 그룹이 그 후 어찌 되었는지는 알 수 없지만, 아마도 살아남은 경우가 있었던 듯하다. 그래서 운동을 하지 않고 쉬게 놔두어 체온이 오르지 않도록 하는 것이 바람직하다는 결과를 얻을 수 있었다.

이에 비해 인분을 먹이는 방법은 조금도 과학적이지 못한 방법이다. 19세기 초반 마쓰우라 세이잔[松浦靜山]이라는 사람이 쓴 『갑자야화(甲子夜話)』에는 "인분은 해독의 효과가 있다. 작년, 우리 영내에 이런 일이 있었다. 3명이 모여서 복어를 먹었는데 3명 모두 중독을 일으켰다. 매우 힘든 상황에서 그중 한 사람이 말했다. '똥물을 먹으면 살 수 있다는 소리를 들은 적이 있네.' 그러자 이 말을 들은 다른 두 사람은 '설사 이대로 죽는다 해도 그렇게 더러운 걸 먹을 수는 없네.' 하며 버티다가 결국 두 사람은 죽고 말았다. 남은 한 사람은 쓸데없이 죽을 수는 없다고 생각하고 인분을 참고 먹었다. 그랬더니 갑자기 많은 양의 피를 토한 다음 조금씩 나아지기 시작했다. 이렇게 하여 살아났지만 주변 사람들은 이 사람을 '똥 먹은 사람'이라고 놀리면서 상대해주지 않아 결국은 다른 지방으로 떠나버렸다"고 적혀 있다고 한다.

복어를 무척이나 좋아하는 나라인 만큼 이 밖에도 해독에 대한 글은 당시 출판된 서적에서 여럿 찾을 수 있다.

- 「오징어 삶은 물이 좋다」『퇴한잡기(退閑雑記)』, 마쓰다이하 사다노부(松平定信), 관정(寛政) 9년(1797)
- 「오징어 먹물을 마신다」『겸하당잡록(兼霞堂雑録)』, 아카쓰키 가네나리(曉鐘成), 안정(安政) 3년(1856)
- 「진두발 삶은 물을 마신다」『토원소설(兎園小説)』, 다키자와 바킨(滝沢馬琴), 문정(文政) 8년(1825)
- 「설탕을 먹인다」『우마문(牛馬問)』, 아라이 하쿠가(新井白蛾), 보력(宝暦) 6년(1756)
- 「흑설탕을 많이 먹인다」『송옥필기(松屋筆記)』, 오야마다 도모키요(小山田与清), 연대 미상

물론 우리나라에서도 찾아볼 수 있다. 『동의보감(東醫寶鑑)』에는 "복어의 독에 중독되면 갈대 뿌리를 찧어 즙을 내어 마신다"고 적혀 있으며, 구한말에 쓰인 『단방비요경험신편(單方秘要經驗新篇)』에는 "하돈

(河豚)의 독에는 갈대뿌리즙(蘆根汁)을 먹고 백반(白礬)과 백편두(白扁豆)를 가루 내어 물에 타 먹으며 또 소루쟁이 뿌리(羊蹄菜根)를 취즙하여 먹으라"고 되어 있고, "복어알은 더 독하니까 회화나무 꽃(槐花)을 조금 볶아 마른 연지(乾脂)와 동량을 섞어 가루를 내서 냉수에 타 먹으라"고도 되어 있다고 한다.

그럼 오늘날에는 복어독에 중독되면 어떤 응급조치를 할까?

복어독은 많은 사람들이 알고 있듯이 테트로도톡신(tetrodotoxin)이 주성분인데, 이것은 뱀독이나 벌독 등과 달리 분자량이 작기 때문에 항혈청, 곧 해독제를 만들 수가 없다. 따라서 복어중독에는 다른 독과 마찬가지로 해독제가 있다거나 해독제를 맞으면 낫는다는 세속의 이야기는 전혀 근거가 없는 이야기라서 절대로 믿어선 안 되고, 중독이 매우 빠르게 진행되기 때문에 치사량을 넘어섰을 경우라면 대부분 8~10시간 이내에 죽는다. 그러니 만약 이 시간대를 넘었다고 한다면 회복할 가능성이 크다고 봐도 좋을 것이다. 사망은 호흡마비로 인한 것이라서, 만약 손발이 저리고 혀끝에 이상한 마비감이 느껴진다면 즉시 병원으로 가서 먹은 걸 토해낸 다음 심장의 박동을 강하게 해주는 주사를 맞고, 인공호흡기를 달고 있는 것이 그나마 가장 낫지 않을까 생각한다.

복어와 궁합이 맞지 않는 먹거리

◦

13

혹시 복어 요리와 궁합이 맞는 음식(또는 재료)도 있지 않을까 하여 이것저것 살폈더니, 대부분 미나리를 복어 요리와 궁합이 맞는 먹거리라고 소개한다. 그런데 미나리는 복어 요리에만 쓰이는 게 아니라 거의 모든 생선탕이나 찜 등의 요리에 빠지지 않고 들어가는 것이라서 복어에만 궁합이 맞는다고 할 수는 없을 것이다.

그렇다면 미나리는 어째서 모든 생선탕에 넣는 것일까? 무슨 특별한 효능이 있어서 그런 것일까? 『동의보감(東醫寶鑑)』에서는 미나리가 갈증을 풀어주고, 머리를 맑게 해주며, 주독을 제거하면서 대·소장을 잘 통하게 하는 한편, 황달이나 부인병, 음주 후의 두통 또는 구토에 효과적이라고 하였다. 이런 효능을 현대의 의학용어로 바꿔본다면 해독작용과 중금속 배출작용이 있으며, 간 기능 향상과 숙취 해소에 좋고, 변비나 고혈압에도 효과가 있다고 할 수 있을 것이다. 그러니 미나리는 복어 요리를 비롯한 일반 생선 요리와 궁합이 맞다고 할 수 있겠다.

반면에 궁합이 맞지 않는 것으로는 무엇이 있을지를 조사하였는데 특별하게 얻은 내용이 없다. 그런데 일본에서는 19세기 중반(1856)에, 앞에서도 언급했던 아카쓰키 가네나리[曉鐘成]라는 이가 쓴 『겸하당잡록(兼霞堂雜録)』에 다음과 같은 글이 나온다. 곧 "복어를 검댕(煤)이나 방풍(防風) · 국화(菊花) · 도라지(桔梗) · 감초(甘草) · 조두(鳥頭, 투구꽃 또는 돌쩌귀) 등과 함께 먹어서는 안 된다"고 적혀 있다. 그러면서 "복어는 자주 먹는 것이 아니므로 먹을 때에는 신선한 것을 골라서 먹고, 요리를 잘해야 하며, 궁합이 맞지 않는 것과는 함께 먹지 말아야 하고, 간이나 난소는 버려야만 하는데, 가능하면 먹지 않는 것이 좋다"고 하였다.

또 붓순나무가 맞지 않는다는 이야기도 있다. 일본 혼슈[本州]의 효고[兵庫]현에 위치한 반슈아코[播州赤穗] 지역에서는 복어를 전혀 먹지 않는다고 한다. 먹지 않으니까 그물에 잡힌 복어도 풀어줄 정도라고 한다. 그 이유란 것이, 주변 산에 붓순나무가 많아서 붓순나무의 열매나 잎이 바다로 흘러들어 가는데, 그 열매를 먹은 복어는 이빨이 검게 변하고 이런 복어를 먹으면 즉사한다고 하는 이야기가 옛날부터 전해 내려오기 때문이라고 한다. 오죽하면 붓순나무로 불을 피워 음식을 데우는 것도 금지할 정도이겠는가.

그럼 이런 금기사항은 왜 생긴 것일까?

어쩌면 붓순나무가 약리활성이 강한 나무라서 그럴지도 모르겠다. 붓순나무의 꽃이나 잎, 열매 등 뿌리부터 줄기에 이르는 모든 조직에는 독성이 있으며, 특히 씨앗에는 아니사틴(anisatin)이라는 독성이 강한 성분이 들어 있다는 것은 잘 알려져 있다. 붓순나무는 향신료나 약재로 쓰이는 팔각과 비슷한데, 사람이 팔각으로 잘못 알고 먹으면 죽을 수도 있을 정도로 독성이 세서 일본에서는 '독물 및 극물 취체법(단속법)'에서 붓순나무의 열매를 식물로는 유일하게 극물로 지정하고 있다. 그래서 주변에 붓순나무가 많은 지역의 주민들은 두려움 때문에, 이것과 복어의 독성을 연관 지어 복어를 먹지 않으려고 한 것이 아닐까 생각된다.

이 밖에도 복어를 먹은 날에는 약을 먹어선 안 된다거나, 서국미(西国米, 흑설탕 국물에 생강으로 풍미를 낸 것으로 오키나와 지방에서는 후식으로 많이 이용된다)와 함께 먹어서는 안 된다는 이야기도 전해온다. 감람 열매, 고구마, 쌀겨에 절인 가지, 해삼 등과도 함께 먹어서는 안 된다는 이야기도 있다.

물론 이런 이야기를 과학적으로 설명하기는 쉽지 않겠지만, 설사 과학적인 증명이 부족하더라도 함께 먹으면 좋지 않다는 것을 굳이 함께 먹으려 할 필요는 없을 것이며, 조심해서 나쁠 건 없을 테니 참고하면 좋겠다.

소동파와 매요신의 복어 찬미

°

14

우리가 복어를 얘기할 때 가장 먼저 떠오르는 시인은 아마도 중국 북송의 소동파(蘇東坡)가 아닐까 생각한다. 그는 장강(長江, 또는 양쯔강이라고도 한다)을 거슬러 올라온 황복에 대해 시를 지을 정도로 복어를 예찬했다는 이야기로 유명한데, 「서혜숭춘강효경도(書惠崇春江曉景圖)」에 다음과 같은 시를 적었다고 한다.

죽외도화삼량기(竹外桃花三兩枝)

대숲 밖으로 복숭아꽃이 두세 송이 피어 있네

춘강수난압선지(春江水暖鴨先知)

봄날 강물이 따스해진 건 오리가 먼저 아네

누호만지노아단(蔞蒿滿地蘆芽短)

물쑥은 땅에 가득하고 갈대 싹은 아직 짧으니

정시하돈욕상시(正是河豚欲上時)

지금이 바로 복어가 올라오는 때로다

하지만 소동파에 못지않게 복어에 대한 시로 유명하여 '매하돈(梅河豚)'이라고까지 불린 이가 있었으니, 바로 북송의 매요신(梅堯臣)이다. 매요신은 송나라 초기의 시인으로, 하급관리로서 여러 지방을 전전하며 궁핍한 생활을 하였으나 시인으로서의 명성은 높은 편이라 당시 사람들은 두보(杜甫) 이래의 시인이라 불렀다고 한다. 그런 그가 복어에 대한 마음을 「범요주좌중객어식하돈어(范饒州坐中客語食河豚魚)」, 곧 '요주 지주인 범중엄의 연회석상에서 한 손님이 복어 먹은 이야기를 하다'라는 시로 썼는데, 28구나 되는 약간은 긴 시이지만 황복에 대한 마음이 이 정도라면 소동파의 시에 뒤지지 않는 뛰어난 복어 예찬시라고 해도 될 것이다.

춘주생적아(春洲生荻芽) **봄 모래섬에는 물억새의 싹이 돋고**

춘안비양화(春岸飛楊花) **봄 물가에는 버들솜이 날리니**

하돈당시시(河豚当是時) **복어는 이때가 되면**

귀불수어하(貴不数魚蝦) **귀하기가 물고기나 새우와는 비할 수 없다**

기상이가괴(其状已可怪) **그 모양은 분명 기괴하고**

기독역막가(其毒亦莫加) **그 독도 이길 것이 없다**

분복약봉시(忿腹若封豕) **배를 부풀리면 큰 돼지 괴물 같고**

노목유오와(怒目猶吳蛙) 성난 눈은 오국의 개구리를 닮았다
포전구실소(庖煎苟失所) 요리하다가 조금이라도 실수를 하면
입후위막사(入喉為鏌鋣) 목구멍으로 들어가 예리한 칼이 된다
약차상구체(若此喪軀体) 그렇게나 몸을 해치는 것이라면
하수자치아(何須資齒牙) 굳이 먹을 필요가 있겠는가
지문남방인(持問南方人) 내 의견을 남방 사람들에게 말하니
당호복긍과(黨護復矜誇) 모두가 감싸주며 자랑을 한다
개언미무도(皆言美無度) 다들 그렇게 맛있는 게 없다는데
수위사여마(誰謂死如麻) 마비되어 죽는다고 누가 그러던가
아어부능굴(我語不能屈) 나로서는 말로 납득시킬 수가 없네
자사공돌차(自思空突嗟) 무심코 생각에 잠기다가 한숨을 쉰다
퇴지래조양(退之来潮陽) 예전에 퇴지가 조양에 왔다가

('퇴지'는 한유韓愈의 호, '조양'은 오늘의 광둥)

시탄찬롱사(始憚餐籠蛇) 뱀 요리에 뒷걸음을 쳤고
자후거류주(子厚居柳州) 자순(유종원柳宗元의 호)은 유주에 있으면서
이감식하마(而甘食蝦蟇) 두꺼비를 맛있다고 하며 먹었다
이물수가증(二物雖可憎) 이 두 가지는 왠지 기분은 나쁘지만
성명무천차(性命無舛差) 생명을 잃지는 않는다
사미증부비(斯味曽不比) 복어 맛은 비길 데가 없다고 하지만
중장화무애(中蔵禍無涯) 그 속에는 헤아릴 수 없는 화가 들어 있고
심미악역칭(甚美悪称稱) 너무 좋은 건 그만큼 나쁜 게 있다는 건데
차언성가가(此言誠可嘉) 그 말은 정말로 곱씹어봐야 할 것이다

시는 길지만, 복어에 대한 진지한 마음이 느껴지는 것 같다. 하여튼 복어 예찬을 소동파뿐 아니라 매요신도 했다는 것은 그만큼 복어가 많은 문인들의 사랑을 받았음을 보여준다.

이독치병(以毒治病)

。

15

'이독치병(以毒治病)'이란 독을 써서 질병을 치료한다는 말이다. 요즘 성형 분야에서 유행하는 주름개선제인 보톡스(Botox)라는 것은 세상에서 가장 강력한 세균 독소인 보툴리눔(botulinum)을 희석한 것이고, 나이 든 분들의 무릎이나 팔꿈치 등의 관절이 아픈 류마티스에 효과가 있다고 하는 벌침(또는 봉침)도 독으로 병을 치료하는 범주에 속한다고 볼 수 있으니 이독치병이 전혀 사실무근은 아닐 것이다.

그래서 독이라고 하면 빠질 수 없는 복어에도 치료와 관련된 얘기가 있을 것이라 생각하여 찾아보았다. 그랬더니 앞에서도 언급했던 일본의 『매옹수필(梅翁隨筆)』이라는 책에 다음과 같은 이야기가 있었다. "오래전에 함께 일하던 동료가 있었는데, 부스럼(瘡)이 심했다. 너무 심할 때에는 손발을 움직이지도 못하고 허리도 너무 자주 삐는 탓에, 이렇게 사느니 차라리 죽는 게 낫겠다고 생각하고는 복어와 상극이라는 검댕(煤)을 잔뜩 넣고 복어를 끓여 먹었다. 그랬더니 생각했던 대로 그날 밤중부터 심하게 아프기 시작하면서 시커먼 핏덩어리를 토하기 시작하였는데, 다음 날 아침이 되어도 토하기는 하지만 죽을 기미는 전혀 보이질 않았고 오히려 차츰 몸이 가벼워지기 시작하다가 5~6일이 지나니 그동안 온몸에 생겼던 부스럼마저 마치 닦아낸 듯 깨끗하게 사라져버리고 나았다. 아마도 복어에 중독되어 더러운 피를 토했기 때문일 것이다. 약이 되지 않는 독은 없다고 하는데, 이걸 두고 한 말이겠다"고 나와 있다.

마쓰우라 세이잔[松浦静]이 쓴 『갑자야화(甲子夜話)』라는 책에도 "나병(癩病)에 걸린 사람이 있었는데 살고 싶지 않다고 생각하며 죽으려고 복어를 먹었다. 그래서 중독이 되어 심하게 피를 쏟았는데, 그로 인해 병이 나았다"고 적혀 있으며, 『초창잡화(蕉窓雜話)』라는 책에는 "복어를 창자째 잔뜩 끓여 먹고 시커먼 피를 토하고 죽기 직전까지 가면 나병이 낫는다"고 적혀 있다.

한편, 중국의 민간요법에서도 민밀복의 부레와 껍질을 이용하여 위장병과 기침, 설사 등에 사용하고, 국매리복의 난소를 갈아 개선충(옴) 치료에 사용하거나 종기나 종양, 경부 림프결핵, 유방암 등의 치료에 사용했다고 한다. 또 껍질은 요황과 거습, 노인성 기침이나 천식 등을 치료하는 데 사용했다고 하는 걸 보면 독으로 병을 치료하는 것이 전혀 불가능한 일은 아닐지도 모르겠다.

복어의 귀여운 모습

°

16

요즘 국내에서도 담수산 복어를 키우는 마니아들이 많아진 듯하다. 인터넷을 보면 소위 '녹색복어'나 '인디언복어'처럼 낯선 이름의 복어를 사육하는 이들의 모임도 적지 않아 보인다. 자그마한 몸을 열심히 흔들어대며 유영하는 모습에 귀엽다는 느낌을 갖지 않는다면 아마 그게 더 이상하지 않을까 생각한다.

여하튼 간에 복어는 생물로서 여러 가지 개성을 가지고 있다. 예를 들어 대부분의 물고기는 눈꺼풀이 없어서 눈을 감을 수가 없는데, 복어류는 눈 주변에 약간 처진 듯한 피습(皮褶)이라는 조직이 있어서 카메라의 조리개와 같은 기능을 하기 때문에 눈을 깜빡일 수가 있다.

지느러미를 조금씩 흔들면서 유영하는 귀여운 모습도 몸의 구조 덕분이다. 몸을 구성하는 근육 중에서 몸을 구부려가며 유영할 때 사용하는 체측근(體側筋)이 발달하지 않았고, 오히려 등지느러미와 뒷지느러미를 움직이는 굴근(屈筋)이 매우 잘 발달해 있다. 게다가 복어는 다른 물고기에는 있는 배지느러미가 없기 때문에 적과 마주치면 다른 물고기처럼 재빨리 도망갈 수가 없다. 그러니 복어가 독을 가지고 있는 건 이처럼 느린 도피행동을 보완해주는 선택적 진화라고 생각할 수 있을 것이다.

뭔가에 놀라거나 적을 경계할 때 배를 부풀리는 것도 복어의 특징이다. 배를 부풀릴 수 있는 것은 물을 입으로 순식간에 빨아들여 팽창낭(膨脹囊)이라는 주머니에 담아둘 수 있기 때문이다. 간혹 낚시에 걸려 올라오면서 배를 부풀리는 것은 물 대신에 공기를 빨아들여 담아두기 때문이다. 피부에 가시 모양의 돌기가 있는 복어라면 배를 부풀릴 때 돌기도 함께 곧추세운다. 이렇게 밤송이 같은 모습을 보여주는 대표적인 복어가 가시복이다.

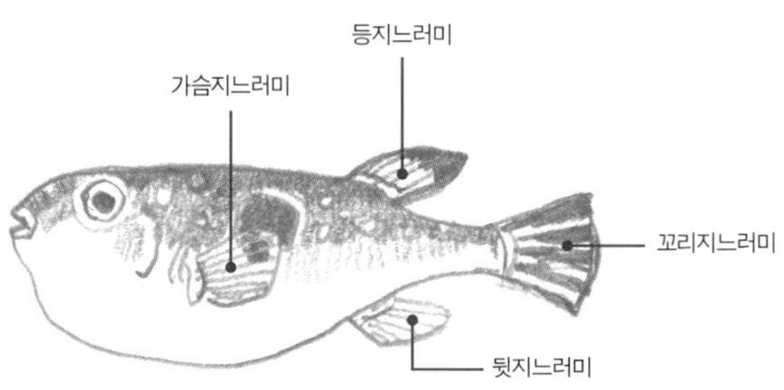

복어의 지느러미. 배지느러미가 없다.

한편, 부풀리는 모습이나 귀여운 유영 모습을 보이는 복어에서 상상하기 어려운 것이 이빨이다. 다른 어류의 이빨은 원추(圓錐)상, 문치(門齒)상 또는 견치(犬齒)상이지만 복어류는 턱에 커다란 판상의 이빨이 위턱에 2개, 아래턱에 2개 총 4개가 있다. 이빨은 무척이나 튼튼한데 산호 같은 단단한 걸 깨무는 습성에서 이렇게 되었다는 말이 있다. 그래서인지 복어는 껍질이 단단한 새우나 게, 고둥도 깨뜨려서 먹는다. 게다가 주둥이가 앞으로 튀어나와 있어 먹이를 잡는 데도 아주 편리하다. 복어가 몸을 부풀릴 적에 소리가 나는 것은 부리 모양의 이빨을 서로 어긋나게 갈기 때문인데, 물속은 공기 중에서보다 소리의 전도율이 좋아서 외관을 부풀리고 이빨을 가는 듣기 싫은 소리를 내면 아무래도 다른 생물에게 위협적으로 작용할 것이다.

이런저런 복어의 별난 생김새는 복어가 바다 속에서 편안히 살아갈 수 있도록 나름대로 최적화된 것이 아닐까 생각한다. '굼벵이도 기는 재주가 있다'는 말은 복어에게도 적용될 수 있을 것 같다. 유영 속도가 늦어 포식자에게 노출되기 쉬운 악조건 속에서도 살아남을 수 있는 호신술을 복어라고 가지지 못할 이유는 없을 것이다.

『조선왕조실록』에 나오는 복어 이야기

◦

17

『조선왕조실록에』도 복어에 대한 얘기가 간혹 등장한다. 예를 들어, 1493년(성종 24) 늦봄에 경상도 웅천의 주민들이 연달아 사망하는 사건이 발생했다. 바닷가에서 채취한 굴이나 생미역을 먹은 직후에 나타난 증상이었는데, 보고를 받은 성종은 복어 때문이라고 판단했다고 한다. 실제로 이 사건은 복어가 굴이나 생미역에 낳은 알을 먹고 복어독에 중독되어 급사한 사건이었다. 『동의보감』에서는 물고기 중에 복어의 독이 가장 독하며, 그 알은 더욱 독해서 중독된 자는 반드시 죽는다고 했다.

그럼 여기에서 말하는 복어는 어떤 복어를 말하는 것일까? 여러 복어 중에서 연안으로 가까이 다가와 알을 낳는 복어는 대개 복섬이다. 그런데 복섬이란 복어는 다른 복어들에 비해 몸집은 작은 편이지만, 난소는 맹독이라서 그 알에도 상당량의 독이 있기 때문에 그로 인한 중독 사고였을 가능성이 크다고 하겠다. 그리고 「숙종실록」에서 1709년(숙종 35) 2월 21일을 보면, 영의정을 지낸 최석정이 복어를 먹다가 죽을 뻔했다는 이야기가 나온다. 당대에 학식과 권력을 쥐고 있던 엘리트가 복어에 대해 이 정도로밖에 알고 있지 못했다면 일반 백성들은 더 심했을 것이고, 아마도 복어로 인한 사망 사고가 많았을 것이라 생각된다.

기록에 따르면 당대의 대학자였던 우암(尤菴) 송시열은 부여에서 복어 요리를 대접받고 자신이 본디 좋아하던 고기지만 산중에 있느라 먹어본 지 오래되었다고 말했다고 한다. 송시열이 먹었다는 복어는 아마도 중국의 소동파나 매요신이 찬사를 보냈던 황복이 틀림없을 것이다. 본래는 바다에 살지만 강으로 와서 산란을 하는 습성을 가진 황복이 금강을 거슬러 올라왔을 것이기 때문이다. 또한 우암이 한때는 서인에 속하면서 사이가 좋았던 명재(明齋) 윤증의 집에 가서 복어국을 먹었다고 하는데, 그것이 결정적인 원인은 아니겠지만 나중에는 각기 노론과 소론으로 등을 돌리게 되었고 원수지간이 되었다는 이야기도 전해온다.

한강에는 봄철이 되면 황복이 많이 올라왔다. 그런데 그 맛이 유별나 마포까지 올라오던 황복을 먹고 탈이 나서 죽는 사람들이 늘어나자 청장관(青莊館) 이덕무는 백성들에게 함부로 황복을 먹지 않도록 조심하라며 「하돈탄(河豚歎)」이라는 시를 썼다. "하돈에 미혹된 자들은/ 맛이 유별나다고 자랑한다/ 생선 비린내가 솥에 가득하여/ 후춧가루

타고 또 기름을 치네/ 고기로는 쇠고기도 저리 가라 하고/ 생선으로는 방어도 비할 데 없다네/ 남들은 보기만 하면 좋아하나/ 나만은 볼 때마다 걱정이 앞서네/ 아! 세상 사람들아/ 목구멍에 윤낸다고 기뻐하지 마라/ 으스스 소름 끼치니 이보다 큰 화가 없고/ 벌벌 떨려 해 끼칠까 걱정되네"라는 내용이다. 그리고 어부들에게도 "고기 잡는 어부들 내 말 좀 듣게나/ 행여 하돈(복어)에겐 낚시 던지질 마소/ 그 물건도 삶을 더 얻어 좋으려니와/ 사람 목숨도 더 길어지잖나"라고 말했다고 한다.

이처럼 위험한 복어이지만 인조(仁祖)와 정조(正祖)는 이것을 먹었다고 한다. 물론 공식기록이 아니라 야사에 나온다고 안대회(『18세기의 맛』 필자)는 말한다. 그리고 조선시대에는 복어독을 없애는 조리법이나 복어 요리를 어떻게 해야 하는지에 대해 설명한 책자도 있다고 하는데, 앞으로는 그런 내용도 정리가 되었으면 한다.

복어와 복어독

복어
河豚
ふぐ

복어의 분류

ㅇ

18

'아는 만큼 보인다'는 말처럼 복어가 어떤 물고기인지를 정확히 알았으면 하는 생각에 지금부터는 복어에 관해 조금은 딱딱한 내용을 살펴보기로 한다.

흔히 복어라고 하면 복어회 등의 요리를 떠올리거나 복어독을 연상하는 사람들이 많을 것이라 생각하는데, 복어회나 매운탕에 사용되는 복어는 분류학적으로 보자면 참복과(Tetraodontidae)에 속하는 좁은 의미의 복어류를 말한다. 사실 넓은 의미에서 복어류에는 참복과를 비롯하여 복어목(Tetraodontiformes)에 속하는 모두를 가리킨다. 학자들이 생물을 분류할 때는 문(門, Phylum)-강(綱, Class)-목(目, Order)-과(科, Family)-속(屬, Genus)-종(種, Species)이라는 분류체계를 사용하는데, 과보다는 목이 한 단계 큰 범위이다.

복어목에는 참복과(Tetraodontidae H)를 비롯하여 분홍쥐치과(Triacanthodidae A), 은비늘치과(Triacanthidae B), 쥐치복과(Balistidae C), 쥐치과(Monacanthidae D), 육각복과(Aracanidae E), 거북복과(Ostraciidae

복어목 어류의 분류

과명	속수	종수	분포
분홍쥐치과(Triacanthodidae)	11	23	전 세계의 온대 · 열대의 천해
은비늘치과(Triacanthidae)	4	7	인도양과 서부 태평양의 천해
쥐치복과(Balistidae)	12	37	전 세계의 온대 · 열대의 천해
쥐치과(Monacanthidae)	27	102	전 세계의 온대 · 열대의 천해
육각복과(Aracanidae)	6	13	인도양과 서부 태평양의 온대 · 열대의 약간 심해
거북복과(Ostraciidae)	5	22	전 세계의 온대 · 열대의 천해
불뚝복과(Triodontidae)	1	1	인도양과 서부 태평양의 천해
참복과(Tetraodontidae)	27	184	전 세계의 온대 · 열대의 천해 및 아프리카와 아시아의 담수역
가시복과(Diodontidae)	7	18	전 세계의 온대 · 열대의 천해
개복치과(Molidae)	3	5	전 세계의 온대 · 열대의 천해
합계	103	412	

[松浦啓一 · 長島裕二, 2015, 毒魚の自然史, 北海道大學出版會에서 인용]

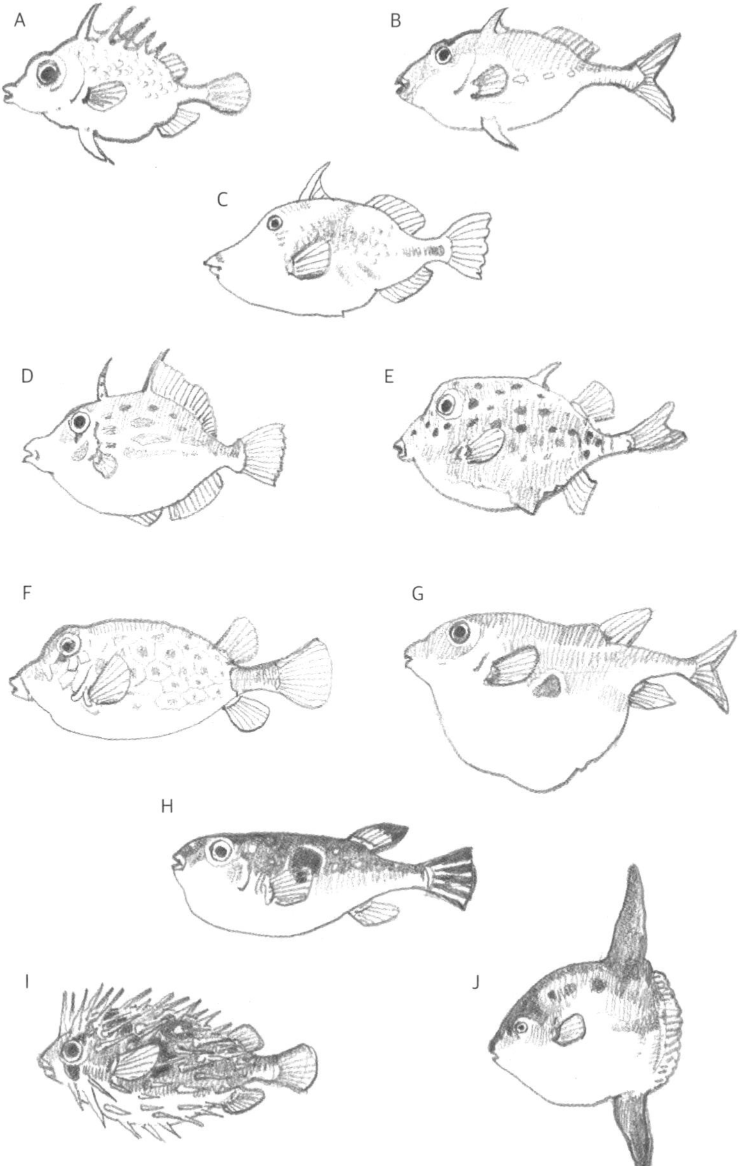

복어목 어류

F), 불뚝복과(Triodontidae G), 가시복과(Diodontidae I), 개복치과(Molidae J) 등 10가지나 되는 과가 포함된다(그림 참조). 물론 복어목에 몇 가지 과를 포함시켜야 할지에 관해서는 학자들 사이에 의견이 다른데 넬슨(Joseph S. Nelson)은 9과 101속 360종을 주장하고 있고, 마쓰우라[松浦]는 10과 103속 412종을 주장하고 있다(표 참조). 이렇듯 학자 간에 차이가 있는 것은 계속해서 새로운 종이 발견되기 때문이어서 앞으로도 계속 늘어날 것이라 여겨진다.

복어목의 어류들은 대개 수심이 100미터보다 얕은 곳에서 살며, 분홍쥐치과나 쥐치과의 일부, 참복과의 불룩복 등은 심해에 산다. 그리고 대개는 연안에서 살지만 개복치나 등푸른복은 대부분 외양의 열대 산호초나 바닥이 모래나 펄로 된 곳 또는 맹그로브 해역에 살고, 온대 바다에 사는 것은 참복속(Takifugu) 등 한정된 그룹에 지나지 않는다. 심지어 대부분의 복어목 어류는 바다에서 살지만, 테트라오돈(*Tetraodon*)속이나 콜로메수스(*Colomesus*)속 등 약 30종은 강이나 하천과 같은 담수역에서 산다. 이처럼 복어목 어류들의 서식 조건은 생각 이상으로 매우 다양하다.

가시복은 복어인가

°

19

일본 음식점이나 복요리 전문점에 들어서면 종종 가시복으로 만든 박제를 볼 수가 있다. 뱃속의 내장과 살을 모두 파내고, 가시는 곧추세운 채로 광택칠을 해서 걸어둔 모습이다. 가시가 많다고 하여 우리나라에서는 가시복이라 부르며, 일본에서는 '가시(針, hari)' 수가 '천 개(千本, senbon)'나 된다고 하여 '하리센본후구[針千本, harisenbonfugu]'라 불린다. 물론 가시가 꼭 천 개가 된다는 말은 아니고 그만큼 많다는 의미로 붙은 이름이다. 체형이 작은 데다가 껍질은 질기기 때문에 복제로 만들기엔 대형 복어들에 비해 수월해서 많이 사용하는 듯하다.

그런데 간혹 가시복도 복어과에 속하는 복어로 알고 있는 사람들이 있는데, 사실은 그렇지 않다. 앞에서도 말했지만 복어목에는 10개

의 과(family)에 속하는 물고기들이 포함되는데, 그중에는 참복과(tetraodontidae)와 가시복과(diodontidae)가 나뉘어 있으므로 가시복은 참복과에 속하지 않고 가시복과에 속하는 복어이다. 그렇다면 이들 간에는 무엇이 같고 무엇이 다른지를 한번 알아볼 필요가 있을 것이다.

가시복도 참복과 마찬가지로 배지느러미가 없고, 턱에는 커다란 치판이 있다. 또 등지느러미와 뒷지느러미가 연조(지느러미 살 중에서 마디를 갖지 않은 연한 줄기)만으로 구성되어 있으며, 물이나 공기를 빨아들여서 배를 크게 부풀릴 수가 있다. 이런 특징은 참복과와 같은데, 가장 큰 차이점은 이빨이다. 가시복의 턱을 자세히 들여다보면 위턱과 아래턱에 있는 치판이 각 1개씩 총 2개이며, 복어류 턱의 치판이 중앙에 봉합선이 있고 좌우로 나뉘어 있는 것에 반해 가시복류의 치판에는 봉합선이 없다. 또한 가시복류는 길고 큰 가시가 몸 표면에 다수 나 있는데, 이렇게 크고 강한 가시가 참복어류에는 없다. 물론 다른 모든 어류도 몸 표면에 크고 강한 가시를 가지고 있는 그룹은 없다. 그래서 가시복류는 가시복과라고 하여 참복과와 다른 과로 분류하고 있는 것이다.

참복과와 가시복과를 구분하는 과명은 바로 이와 같은 이빨 개수의 차이로 나타내었는데, 참복과를 의미하는 테트라오돈티대(tetraodontidae)라는 말은 이빨(dont-)이 4개(tetra-)가 있어서 붙여진 이름이고, 가시복과를 의미하는 디오돈티대(diodontidae)는 이빨이 2개(di-)라서 붙여진 이름이다.

나중에라도 음식점에서 박제되어 매달려 있는 가시복을 보게 된다면, 입안을 한번 살펴보도록 하자. 그럼 확연히 알 수 있을 것이다.

독밀복의 구분법

。

20

우리나라 인근에서 가장 많이 잡히는 복어는 아무래도 밀복류에 속하는 복어들이다. 밀복은 대개 따스한 물에서 살기 때문에 제주도 남쪽의 동중국해를 포함한 해역에서 많이 어획되어 시중의 복어집에서 가장 많이 취급하는 종이다. 물론 복어류 중에서 식용으로 할 수 있는 것은 밀복 외에도 황복, 자주복, 검자주복, 까치복 등도 있으나, 이들은 값이 비싼 편이라서 일반인들이 마음 편하게 먹을 수 있는 복어로는 밀복류가 가장 많이 애용되고 있다고 해도 지나친 말은 아닐 것이다.

밀복류에 속하는 것 중 식용으로 하는 것은 금밀복(*Lagocephalus inermis*), 검은밀복(*L. gloveri*), 은밀복(*L. wheeleri*) 등이다. 그런데 밀복류 중에는 베트남 근해에서 어획되어 일본으로 수입되어 소비되었다가 중독 사고를 일으켜서 사망자도 생겼던 독밀복(*L.lunaris*)도 포함되기 때문에 주의할 필요가 있다. 따라서 이들을 구분하는 방법을 아는 것이 중요한데 우선 금밀복, 검은밀복, 은밀복의 체형은 서로 비슷하지만, 금밀복은 다른 밀복류와 달리 아가미구멍(이를 '새공鰓孔'이라고 한다)이 검고 등에 작은 가시가 없어서 쉽게 구분된다. 문제는 검은밀복이나 은밀복은 독밀복과 체형이 비슷하기 때문에 혼동할 수가 있다는 점이다.

아래 그림을 보면 알 수 있듯이, 독밀복은 체형이나 색채가 은밀복과 아주 비슷하기 때문에 이것으로는 구별할 수가 없지만 다행히도 등쪽에 나 있는 작은 가시의 분포 상태를 살펴보면 독밀복을 은밀복과 구별할 수 있다. 곧 독밀복(그림 중 A)의 작은 가시 분포역은 양눈 사이부터 등지느러미까지 널리 퍼져 있는 데 비해, 은밀복(그림 중 B와 C)에서는 작은 가시 분포역이 뒤로 갈수록 가늘어지며, 등지느러미까지

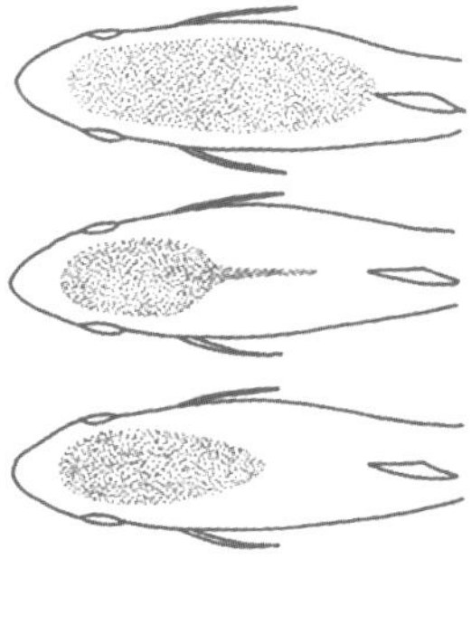

독밀복과 은밀복의 등쪽 작은 가시의 분포 (A)는 독밀, (B)(C)는 은밀복이다.
[松浦啓一 · 長島裕二, 2015, 毒魚の自然史, 北海道大學出版會에서 인용]

닿지 않는다.

또한 검은밀복은 은밀복과 오랫동안 혼동되어 왔으나, 1983년이 되어서야 이 2종이 별개의 종이라는 것이 밝혀졌다. 검은밀복의 특징은 그 이름과 같이 몸의 옆과 등 그리고 지느러미가 검고, 꼬리지느러미의 중앙부가 뒤로 튀어나왔으며 또 색깔이 검은 데 비해 위쪽 끝과 아래쪽 끝이 희다. 그러나 독밀복은 꼬리지느러미가 안으로 굽어 들어와 있어 차이를 보인다. 그러니 등쪽에 난 작은 가시가 등지느러미까지 길게 나 있고, 꼬리지느러미 중간이 안으로 들어가 있다면 독밀복이기 때문에 먹지 않는 것이 좋겠다.

복어는 어디에서 사는가

◦

21

전 세계에 분포하는 복어의 종류는 대략 184종이나 된다고 하는데, 이 가운데 강이나 하천 등 담수(민물)에 사는 종은 약 30종 정도이고 그 나머지는 대부분 바다에 산다.

바다에 사는 복어류의 대부분은 수심 200미터보다 얕은 열대나 온대의 대륙붕에 살고 있으며 주로 산호초나 모래, 진흙바닥(이를 사니저 沙泥底라고 한다), 맹그로브역, 해조밭 등에서 산다. 이런 환경은 열대의 수심 50미터보다 얕은 곳에 주로 발달해 있기 때문에 대부분의 복어류는 얕은 열대 바다에 살고 있는 셈이다. 하지만 참복속의 복어류는 예외이며, 폭포무늬복(*Takifugu oblongus*)만이 인도양이나 서부 태평양 열대역에 분포할 뿐이고 그 밖의 종은 모두 온대역에 산다. 온대 지역에 속하는 우리나라에서는 참복속의 복어류가 많이 잡히고 있기 때문에, 복어를 온대성 어류라 생각하기 쉽지만 실제로 대부분의 복어류는 열대성 어류이다.

앞에서 복어류가 대체로 얕은 바다에 살고 있다고 했지만, 깊은 곳에서 사는 복어류가 없는 건 아니다. 예를 들어 별복(*Arothron firmamentum*)은 수심 200미터 전후인 곳에서 트롤망에 걸려 잡히기도 하며, 불룩복(*Sphoeroides pachygaster*)도 수심 400미터 부근에서 어획되기도 한다.

한편, 해산 복어류 중에는 기수역(해수와 담수가 섞이는 해역)을 좋아해서 사는 종도 있고, 심지어 하천을 거슬러 올라오는 종도 있다. 중국에서는 옛날부터 양쯔강을 거슬러 올라오는 황복(*T. obscurus*)을 먹었기 때문에 복어를 '하돈(河豚)' 곧 '강의 돼지고기'라고 불렀다. 이 황복은 우리나라에서도 임진강에서 잡힌다. 이전에는 서해로 흘러 들어가는 모든 강에서도 잡혔다고 하는데, 환경오염 등의 영향 때문인지 요즘에는 수질이 가장 좋은 임진강에서만 잡힌다고 한다. 이처럼 강을 거슬러 올라오는 복어로는 일본 규슈의 아리아케카이[有明海]의 까치복(*T. xanthopterus*)도 있으며, 또한 복섬(*T. niphobles*)도 일본 각지의 하천으로 올라온다. 꺼끌복속의 둥근무늬복(reticulated puffer; *A.reticularis*)은 인도네시아의 하천에서도 잡히며, 인도네시아 및 폴리네시아의 해조밭이나 맹그로브역에서는 꺼끌복속의 흰점꺼끌복(white-spotted puffer; *A.hispidus*)이나 화장복(map puffer; *A. mappa*)도 잡힌다고 하는 것으로 미루어 이들도 강을 거슬러 올라와 사는 듯하다.

집에서도 키울 수 있는 복어들

◦

22

복어가 바다에만 살고 있다고 생각하는 사람들이 적지 않고, 그렇기 때문에 집에서 키울 수 없다고 믿는 사람들이 많을 것이다. 물론 바다에 사는 복어는 복섬을 제외하고는 대개 몸집이 크기 때문에 꼭 집에서 키우고자 한다면 커다란 수조가 필요할 것이라서 키우지 못할 바는 아니지만, 키우려고 마음을 먹는 사람들을 주저하게 만들 것이다. 그러나 담수에 사는 복어는 몸집이 크지 않은 데다가, 사육수를 교환하기도 바닷물에 비해 상대적으로 수월하기 때문에 복어를 집에서 키우려는 사람들이 적지 않은 것 같다.

담수 복어는 열대어로서의 복어 중에서 일부 종을 총칭하는 말인데, 담수에서 키울 수 있어 다른 열대어처럼 관상어로서 인기가 많은 편이다. 물론 이 가운데 어떤 종들은 독을 가지고 있지만, 자교독(刺咬

毒, 물리거나 찔렸을 때 주입되는 독)이 아니기 때문에 물려서 잘못될 염려는 없으니 걱정하지 않아도 된다. 대표적인 민물 복어는 다음과 같다.

● 말레이복어(Tetraodon palembangensis)

말레이시아, 인도네시아 등에 분포하며, 담수성이고 크기는 19센티미터까지 자란다. 험프백 퍼퍼(Humpback puffer)라고도 한다.

● 탕가니카복어(*Tetraodon mbu*)

엠부복어라고도 하며, 아프리카가 원산지로 중앙아프리카의 탕가니카호(Lake Tanganyika)나 콩고강 유역 등의 담수에서 살며, 육식성이다. 크기는 대형이고, 60센티미터 이상으로 자라며 갈색 몸에 황색 그물 모양의 무늬가 있는 게 특징이다.

● 파하카복어(*Tetraodon lineatus*)

아프리카가 원산지이며, 나일강부터 광범위하게 분포한다. 크기는 40센티미터까지 자란다. 이 종에는 2종류의 아종이 있는데, *Tetraodon lineatus rudolfianus*라는 종은 소금호수에서 자라기 때문에 길이는 10센티미터에 지나지 않는다. 파하카 퍼퍼(Fahaka puffer)라고도 한다.

● 콩고복어(*Tetraodon miurus*)

아프리카가 원산지이며, 콩고강 유역 등에 산다. 길이는 15센티미터 정도까지 자란다. 흔히들 나일복어라고도 부르지만, 실제로 나일강에는 살지 않기 때문에 학명으로 불리는 수도 많다. 모래에 파고드는 습성이 있고, 체색은 적색이 감도는 차색이 보통인데 간혹 회색이나 흑갈색을 한 개체들도 있다.

● 아베니 파화(*Carinotetraodon travancoricus*)

흔히 인디안복어라 불리는 드워프복어(Dwarf pufferfish)이다. 학명은 *Carinotetraodon travancoricus*이며, 인도 남서부가 원산지이고 세계에서 가장 작은 담수 복어이다. 크기는 2.5~3센티미터 정도이며, 체색은 황색이고 등쪽에는 진한 녹색에서 흑색의 빛나는 반점이 있다. 복어독을 가지고 있는지에 관해서는 아직 밝혀지지 않았다.

● 콜로메수스복어(*Colomesus asellus*)

남아메리카의 아마존강에 주로 분포하는 담수산이며, 크기는 7센티미터 정도로 작고 성격이 온화하여 다른 어류들과 함께 한 수조 안에서 키울 수 있는 몇 안 되는 복어류이다. 등쪽은 옅은 황색 바탕에 검은 줄이 5개 있다. 아마존복어(Amazon puffer), 아셀복어(Asell puffer), 페루비안복어(Peruvian puffer)라고도 부른다. 한편, 같은 종으로 '쿠로오비복어'로 불리는 *Colomesus psittacus*도 있는데, 이것은 크기가 40센티미터까지 자란다.

● 녹색복어(Tetraodon nigroviridis)

인도나 인도네시아, 스리랑카, 태국 등 동남아시아에 많이 분포하는 열대어이며, 복어과에 속한다. 기수성(汽水性)이며 담수역으로 거슬러 올라가기도 한다. 크기가 야생에서는 최대 17센티미터 정도로 자라지만 가정에서 관상어로 키우게 되면 이보다는 작아 10센티미터 미만으로 자라며, 관상어로는 대개 2~3센티미터 정도의 유어를 판매한다. 녹점복어(Green spotted puffer, Spotted green puffer)라고도 불리는데, 등쪽이나 체측부에 황녹색의 얼룩덜룩한 무늬가 있다. 배는 희다. 식성은 잡식성으로, 야생 개체는 주로 무척추동물을 잡아먹고 바닷말이나 그 밖의 식물도 먹는다. 독성은 있고, 피부에 많지만 간장에는 없다.

복어의 특이한 산란행동

。

23

대부분의 동물은 새끼를 낳을 때 나름 선호하는 장소가 있다고 하며, 출산에 임박해서는 특별한 행동을 보인다고도 한다. 그렇다면 복어와 같은 물고기도 과연 선호하는 장소가 있거나 특별한 행동을 보일까?

아쉽게도 복어류의 행동에 관해서는 밝혀줄 자료가 많지 않다. 자주복이나 검자주복처럼 무리를 이루어 유영하는 복어도 있지만, 꺼끌복속이나 청복속의 복어는 남들과 무리를 이루어 다니기보다는 혼자서 다니길 좋아한다고 알려져 있다. 또한 대부분의 복어는 멀리 나돌아 다니길 좋아하지 않고 일정한 장소에 모여 살지만, 참복속에 속하는 복어는 반대로 멀리 나돌아 다니길 좋아한다고 한다. 그래서 실제 일본에서 자주복에 표식을 붙여 방류하였더니 우리나라 동해안과 심지어는 서해 북단의 발해만에서도 관찰되었다는 보고가 있다. 이렇게 해류를 따라 발해만까지 대략 2,000킬로미터나 되는 거리를 이동하기도 하는 것으로 보아 참복속의 복어는 상당한 거리를 회유한다고 생각된다.

복어류의 이동에 관한 것뿐만 아니라 산란에 관한 정보도 매우 제한적이라서, 대부분의 복어류의 산란행동은 밝혀져 있지 않다. 다만 참복속의 복섬이나 눈불개복(*T.chrysops*)은 사리(음력 보름과 그믐 무렵에 밀물이 가장 높은 때)에 파도가 칠 때 큰 무리를 이루어 연안으로 몰려와서 산란하는 것이 알려져 있다. 복섬은 수컷이 암컷의 몸을 물어서 자극을 주어 산란행동을 일으키며, 암컷이 산란하면 수컷이 사정을 하기 때문에 바닷물이 뿌옇게 변하기도 한다. 그래서 볼거리에 민감한 일본 사람들은 연안에 다가와서 산란하는 복섬의 산란행동을 보기 위한 장소로 치바현부터 미야자키현에 이르는 태평양 연안의 여러 곳을 관광지로 개발하였다.

그런데 산란행동도 종속에 따라 차이를 보이는 듯하며, 참복속 복어는 복섬과 마찬가지로 대개 집단적으로 산란하지만 청복속 복어는 암수가 한 쌍을 이뤄 산란한다. 산란 장소도 복어에 따라 차이를 보이는데, 예를 들어 자주복은 수심 20~50미터의 모래바닥을 선호하여 그런 곳에서 산란하지만, 검자주복은 자주복보다 깊은 곳을 선호하고 개펄 바닥이거나 개펄에 모래가 섞인 곳을 선호하는 듯하다.

한편, 물고기 중에는 산란하기 위한 집 곧 산란소(産卵巢)를 만드는 종이 있는데, 쥐치복과(Balistidae)와 자리돔과(Pomacentridae)가 유명하

복어의 산란소

다. 최근 들어 토르퀴게너(*Torquigener*) 속의 복어(*T. albomaculosus*)가 산란소를 만든다는 것이 처음으로 밝혀지면서 많은 연구자들의 관심을 모으고 있다. 산란소는 수컷이 만드는데, 앞의 복어의 경우에는 길이 12센티미터 정도 되는 수컷이 약 일수일에 설쳐 산란소를 만들고 나면 암컷이 산란소 중앙에 와서 산란을 한다. 흥미로운 것은 어떤 개체가 만들더라도 그 모양이나 형태가 같다고 하는데, 참으로 영리한 물고기가 아닐 수 없다.

복어가 배를 부풀릴 수 있는 이유

◦

24

복어류는 포식자와 같은 적을 만나거나 위험한 상황을 인지하면 갑자기 몸을 크게 부풀린다고 한다. 어째서일까? 아마도 몸을 크게 만들면 적을 놀래킬 수가 있기 때문일 것이다. 이처럼 몸을 크게 만들거나 크게 보이도록 하는 행동을 하는 건 비단 복어류에만 한정된 것이 아니고, 정어리나 고등어 등도 비록 개체의 몸을 크게 만들 수는 없어도 무리를 이루어 시력이 약한 포식자에 대해 위협을 한다는 것은 잘 알려져 있다. 그리고 고양이나 개와 같은 소형 동물도 싸우려고 할 때에는 등을 둥그렇게 말거나 털을 곧추세워 상대를 위협하기도 한다. 이런 행동 역시 조금이라도 몸을 크게 보이려고 하는 것이다.

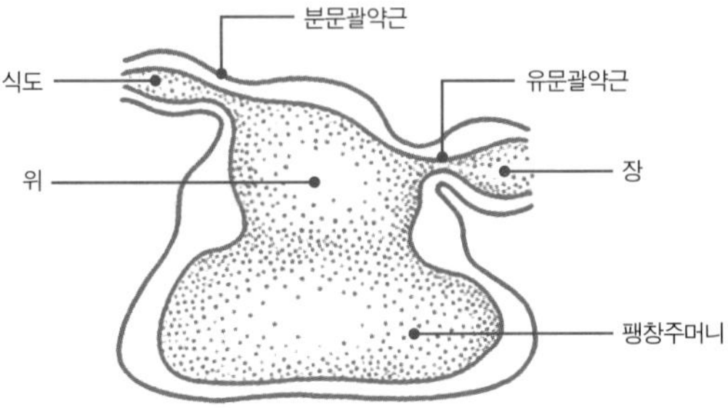

복어류는 장의 바로 앞에 있는 팽창주머니를 부풀려서 복부를 크게 확장시킨다. 복어류는 체중의 2~4배나 되는 물을 마실 수가 있기 때문에 몸집이 작아도 즉시 공처럼 몸을 부풀릴 수가 있다. 하지만 부풀린 상태를 유지해야 효과를 높일 수 있을 텐데 그 방법은 과연 무엇일까?

복어류의 소화기는 다른 어류들과 달리, 그 일부가 팽창주머니로 되어 있다. 게다가 팽창주머니의 입구와 출구에는 강력한 괄약근을 갖추고 있다(그림 참조). 복어류는 뒤쪽의 유문괄약근을 조이고 물과 공기를 빨아들여 팽창주머니를 부풀린 다음, 앞쪽의 분문괄약근을 조여서 빨아들인 물과 공기가 나가지 못하도록 한다. 물속에서는 이렇게 해서 물을 빨아들이지만, 공기 중에서는 물 대신에 공기를 빨아들인다. 그래서 공기를 빨아들인 복어를 해면에 놔주면 잠시 동안 해면에 뜬 채로 머물러 있거나, 당황해서 공기를 내뱉고는 바닷속으로 도망가는 모습을 볼 수가 있다. 곧 복어는 강력한 괄약근을 가지고 있어서 위에다 바닷물이나 공기를 받아들여 가두어두는 것이다.

복어의 여러 호신술

。

25

복어는 스스로가 위험한 상황에 빠지거나 불리한 경우가 되면 배를 부풀린다는 것은 앞서 설명한 바 있다. 그렇다면 복어는 이것만으로 자신을 보호할 수 있을까? 아마도 아닐 것이다. 한 가지 술책만으로 위험에 대비하는 어리석은 어류가 아닐 것이기 때문이다. 그렇다면 어떤 호신책을 더 갖추고 있을까?

일반적으로 물고기가 스스로를 방어하는 방법으로는 물리적인 방법과 화학적인 방법이 있다. 물리적인 방법이라는 것은 딱딱한 껍질의 외골격을 갖추고 있거나, 비늘이나 가시 등을 갖추거나 바위틈 사이에 들어갈 수 있는 체형을 갖추거나 하는 것을 말한다. 화학적인 방법이라면 계면활성 작용이 있는 점액을 분비하거나 상대방의 생명을 위협할 만한 독성물질을 분비하는 것을 말한다. 그런데 대부분의 복어류의 몸 표면에는 작은 가시가 있고, 몸을 부풀리면 작은 가시가 마치 바늘처럼 똑바로 서며, 가시복의 가시처럼 강하진 않지만 나름의 위력이 있다. 길이가 20센티미터 정도 되는 꺼끌복속의 복어 중에는 몸을 부풀리면 사람도 맨손으로는 쥘 수가 없을 정도로 가시가 많은 것들이 있다.

또 다른 방책으로는 『손자병법』에도 나오는 36계 줄행랑을 치는 것이다. 하지만 복어의 유영 실력은 좋은 편이 아니라서 막무가내로 도망치다가는 잡힐 수가 있으므로, 도망가다가 모래 속으로 숨기도 한다. 곧 복어류는 바닥의 모래에 숨어드는 습성이 있다. 수족관에서도 복섬이나 졸복, 자주복 등이 모래바닥에 숨어드는 모습을 자주 관찰할 수가 있다. 머리 일부를 모래 밖으로 내놓는 경우도 있으나 몸의 대부분은 제대로 모래 속에 숨어 있는 모습이다. 이렇게 복어류가 모래 속에 숨을 수 있는 것은 눈꺼풀이 있는 게 큰 도움이 된다. 복어류는 모래 속에 숨을 때 눈을 감을 수 있는데, 상어류가 순막(瞬膜)을 이용해서 눈을 감는 데 비해 복어류는 눈 주위의 피부를 조이면서 눈을 감는다.

그리고 한 가지 더 아주 막강한 화학적 무기를 가지고 있으니, 바로 복어독(tetrodotoxin)이다. 복어류는 피부에서 독을 방출할 수 있다. 대형 어류에게 먹이로 복어의 살을 섞어 주면 처음에는 모르고 입에 넣지만 곧바로 토해낸다. 이는 입속의 미각신경이 복어독을 감지했기 때문이라고 생각된다. 이뿐만 아니라 대다수의 물고기는 복어독을 냄새로도 인식할 수 있다고 하는데, 실제로 복어에게 다가선 큰 물고기가 복어독을 냄새로 감지하고 멀리 물러서는 것을 볼 수 있다.

이렇게 복어는 물리적으로 또 화학적으로 여러 호신책을 마련하고 있는 매우 영리한 물고기이다.

우리나라 주변에 사는 복어류

°

26

우리나라 주변 해역에는 과연 얼마나 많은 종류의 복어들이 살고 있는 걸까?

앞에서도 언급하였지만, 우리가 흔히 복어라고 부르는 복어목에 속하는 10과(육각복과, 쥐치복과, 가시복과, 개복치과, 쥐치과, 거북복과, 참복과, 은비늘치과, 분홍쥐치과, 불뚝복과) 중에서 외형이 그래도 복어라고 느끼게 되는 것은 참복과, 거북복과 및 가시복과에 속하는 것들이다. 이 참복과, 거북복과 및 가시복과에 속하는 속(屬, genus)은 각각 27속, 5속 및 7속이며, 종수는 각각 184종, 22종 및 18종이나 된다. 그리고 이 가운데 우리가 먹는 것은 모두 참복과에 속하는 복어들이다.

세계적으로 참복과에 속하는 27속 가운데 우리나라나 일본에서는 6~8속 정도만이 관찰되고 있으며, 그중 참복속에 속하는 것들이

18~20종으로 가장 많고, 밀복속에 속하는 것도 5~7종이나 된다고 알려져 있다.

우리나라 근해에서 어획되는 참복속에 속하는 것으로는

자주복, Takifugu rubripes, Tiger puffer (Torafugu)
검자주복, Takifugu chinensis, Eyespot puffer (Karasu)
검복, Takifugu porphyreus, Purple puffer (Mafugu)
까치복, Takifugu xanthopterus, Yellowfin puffer (Shimafugu)
복섬, Takifugu niphobles, Grass puffer (Kusafugu)
매리복, Takifugu snyderi, Vermiculated puffer (Shousaifugu)
국매리복, Takifugu vermicularis, Pear puffer (Nasifugu)
졸복, *T*akifugu pardalis, Panther puffer (Higanfugu)
까칠복, Takifugu stictonotus, Spottyback puffer (Gomafugu)
흰점복, Takifugu poecilonotus, Finepatterned puffer (Komonfugu)
서해흰점복, Takifugu alboplumbeus, (Komondamasi)
황점복, Takifugu flavidus, (Sansaifugu)
눈불개복, Takifugu chrysops, Red-eyed puffer (Akamefugu)
황복, Takifugu obscurus, (Mefugu)
폭포무늬복, Takifugu oblongus, Blaasop, Oblong blowfish (Takifugu)
두점박이복, Fugu bimaculatus, (Futatsubofugu)
안경복, Takifugu ocellatus, (Meganefugu)
망복, Takifugu reticularis, Reticulated puffer (Amimefugu)
바실복, Takifugu basilevskianus, (Kouraifugu)

등이 있고, 밀복속에 속하는 것으로는

은밀복, Lagocephalus wheeleri, Brown-Backed toadfish 〔Shirosabafugu〕

흑밀복, Lagocephalus gloveri, Brown-Backed toadfish 〔Kurosabafugu〕

밀복, Lagocephalus lunaris, Green toadfish 〔Tokusabafugu〕

민밀복, Lagocephalus inermis, Smooth-backed blowfish 〔Kanafugu〕

청밀복, Lagocephalus lagocephalus oceanicus, Blueback puffer 〔Kumasakafugu〕

등이 가장 잘 알려져 있는 복어들이다.

까치복

자주복

매리복

검자주복

국매리복

까칠복

복섬

황점복

흰점복

복어의 독성

°

27

앞서 우리나라 주변 연근해에서 주로 어획되는 참복속과 밀복속 복어를 살펴보았기에, 이번에는 이 복어들의 조직별 독성에 대해 알아보도록 한다.

복어 독성에 대해서는 1945년에 출판된 다니 이와오[谷巖] 박사의 『일본산 복어의 중독학적 연구』에 자세하게 언급되어 있다. 이 조사는 1935년경부터 일본 규슈[九州]대학 의학부 약리학 교실에서 수행되었던 것으로, 21종류의 복어의 독성을 조직별로 조사한 귀중한 자료이다. 당시는 우리나라가 일본의 식민지였기에 이 자료에는 우리나라에서 잡히는 복어의 독성도 포함되었으며, 중국 동해안 곧 우리나라 서해에서 잡히는 복어의 독성도 포함되어 있다.

다음 표는 다니 박사가 정리한 복어의 독성 결과에 더하여, 이후 다

참복과 어류의 조직별 최고 독력

속	종	난소	정소	간장	담낭	껍질	내장	근육
청복	청복	무		약		강	약	무
불룩복	불룩복	무	무	무		무	무	무
밀복	청밀복	무	무	무		무		무
	은밀복	무	무	무		무	무	무
	민밀복	약	무	맹	약	무	약	무
참복	황복	맹	무	강		강	강	무
	까치복	강	무	강		무	약	무
	자주복	강	무	강		무	약	무
	검자주복	맹		맹				
	복섬	맹	약	맹		강	맹	약
	까칠복	맹	약	맹	강	강	무	약
	매리복	맹	약	맹		강	강	약
	국매리복	맹	약	강		맹	약	약
	검복	맹	무	맹		강	강	무
	흰점복	맹	강			강	강	강
	졸복	맹	강	맹	맹	강	강	강
	눈불개복	맹	무	강		강	약	무
	황점복	강	무	강		약	강	무
	흰점참복	강	무	약		약	약	무
꺼끌복	별복	강	무	무		약	약	무

른 연구자들이 검사한 결과도 포함한 것이다.

그 결과를 정리하자면,

① 참복속의 독성은 대체로 강하다.

② 참복속의 복어는 난소가 가장 독성이 강하며, 이어서 간장과 내장의 순이다.

③ 참복속 복어의 근육은 대체로 식용으로 할 수 있으나 흰점복과 졸복의 근육은 강독이라서 먹지 않는 것이 좋으며, 복어의 정소 또한 독이 없다고 생각하는 경우가 많지만 실제로 흰점복과 졸복의 정소는 강독이라서 절대로 먹어서는 안 된다. 그리고 간혹 껍질을 손질하여 서비스로 제공하는 경우가 있는데, 참복속에서는 자주복과 까치복만이 안심할 수 있다.

※ 참고: 독성을 맹독(맹), 강독(강), 약독(약), 무독(무)으로 구분하였는데, 이 기준은 마우스단위(mouse unit, MU) 곧 복어 조직 1그램으로 몇 마리의 마우스를 죽게 할 수 있는지에 따른 것이다. 맹독은 조직 1그램으로 1,000 마리 이상의 마우스(18~20그램)를 죽일 수 있는 독력(>1,000MU/g)을 말하며, 강독은 조직 1그램으로 100~1,000 마리의 마우스를 죽일 수 있는 독력(100~1,000MU/g), 약독은 조직 1그램으로 10~100 마리의 마우스를 죽일 수 있는 독력(10~100MU/g), 무독은 독이 전혀 없다는 것이 아니라 10마리 이하의 마우스를 죽일 수 있는 독력(<10MU/g)을 말한다. 사람이 사망할 수 있는 복어독의 양을 10,000마우스단위(MU)라고 하는데, 간장이나 난소와 같은 맹독의 조직이라면 10그램보다 적은 양을 먹더라도 치사량이 된다. 그러니 얼마나 독성이 강한지 느낄 수 있을 것이다.

복어의 피와 눈은 먹어도 안전한가

。

28

오래전부터 복어의 피와 눈이 유독하다는 이야기가 있었고, 오늘날에도 그렇게 믿는 사람들이 적지 않아 보인다. 우리나라는 물론 일본에서도 그런 얘기가 끊임없었으나 실제로 독성을 조사한 여러 보고들을 보면 눈이나 피에서 독성이 검출되었다는 얘기는 없다. 그렇다면 어째서 피와 눈이 유독하다는 말이 퍼져 있는 것일까? 아마도 중국 명나라 시대의 『본초강목(本草綱目)』에 복어의 피와 눈이 유독하다고 기록되어 있기 때문이 아닐까 생각한다. 그 영향을 받아서 우리나라나 일본에서는 여전히 유독하다고 믿고 있는 듯하다.

그동안의 연구 결과가 많은 것은 아니지만 졸복이나 눈불개복, 자주복의 피는 무독하며, 이들의 눈에서도 독성이 검출되었다는 보고가 아직까지는 없다. 다만 몸 전체가 맹독인 은띠복이라는 복어의 눈에서 6MU/g의 독량이 검출되었다는 보고는 있다. 그러나 복어 한 마리의 눈은 대략 2그램 정도의 무게이기 때문에 독량을 따지면 12마우스단위(MU) 정도가 되는데, 사람의 치사량은 10,000마우스단위(MU)이므로 은띠복의 눈을 먹고 사망하려면 840개나 먹어야 해서 이것이 과연 실현가능한 일일까 싶다.

따라서 이런 연구 결과를 종합해보면 『본초강목』에 나오는 기술은 정확하지 않다고 할 수 있겠다.

다른 나라의 복어중독 사고들

°

29

우리나라에서는 복어중독으로 사망하는 사람이 연간 10여 명이라고 알려져 있으나, 이웃 일본은 물론이고 의외로 동남아시아에서도 사고가 끊이질 않는다고 한다. 예를 들면 태국이나 필리핀, 베트남 등지에서는 복어에 의한 중독 사고가 매년 끊임없이 일어나고 있고 심지어 사망자도 발생하고 있다. 베트남 연구자들이 발표한 바에 따르면 1999~2003년까지 4년 동안 베트남에서만 모두 737명이 복어중독을 일으켰고, 그중에서 127명이 사망하였다고 하는데, 이 수치는 사망률이 무려 17퍼센트나 된다는 것으로 우리나라나 일본에 비추어볼 때 상당히 높은 수준이다.

일본의 경우, 2006년~2015년까지 10년간 발생한 복어중독 사고는 총 249건이고 환자는 356명이었으며 사망자는 10명이어서 치사

율은 2.8퍼센트였으니, 이에 비하면 무려 6배나 높은 셈이다. 베트남의 지방 항구나 어시장에서는 대부분 복어를 팔고 있는데, 다른 물고기들과 구별하지 않고 함께 취급하고 있다고 한다. 그렇지만 일반인들은 물론이고 어민조차도 복어에 관해서 제대로 알고 있지 못한 경우가 많아 중독 사고가 계속해서 발생하기 때문에 당국에서는 2004년부터 시장에서 복어를 취급하지 못하도록 금지시킨 바 있을 정도라고 한다. 그럼에도 불구하고 현장에서는 이를 지키지 않는 경우가 많아 여전히 중독 발생의 위험성은 크다고 하겠다.

복어독의 생물정량법

。

30

많은 사람들은 복어독을 어떻게 측정하는지 궁금해한다. 그런데 복어독뿐 아니라 다른 대부분의 유독물질에서 그 독성을 측정하는 데는 오래전부터 마우스(mouse)라는 생물을 이용하는 방법을 주로 써왔다. 마우스는 크기가 작은 데다가 번식력이 강해서 짧은 시간에 많은 수의 새끼를 얻을 수 있기 때문이다.

가장 먼저 복어독을 정량(定量)한 사람은 미국의 모셔(H. S. Mosher)라는 연구자이다. 그는 독성을 조사할 시료액 0.2밀리리터를 체중 20그램 되는 마우스에게 피하주사를 하고 10분 이내에 죽게 되는 양을 구하여, 검체가 죽일 수 있는 쥐의 수를 MU(mouse unit)라고 표시하였다. 그러다가 나중에 일본의 하시모토 가네히사[橋本周久] 등에 의해 용량-치사시간의 그래프가 만들어졌으며, 이것을 공정법으로 정하였다.

이 방법을 조금 더 구체적으로 설명하면 다음과 같다.

먼저 독성을 조사하려는 시료를 단순히 물이나 초산, 또는 초산을 0.1퍼센트 정도 넣은 메탄올 용액과 함께 끓는 물속에서 중탕하여 독을 추출한 다음 이것을 원심분리하고, 그 상등액 중 1밀리리터를 생후 4주 되는 체중 19~21그램 정도인 건강한 수컷 쥐(ddY 계통)의 복강 내에 주사하여 5~10분간에 사망할 수 있도록 희석한다. 그런 뒤 5~7마리의 새로운 쥐에 동일한 방법으로 주사하고 이들의 치사시간에서 중간 정도 되는 시간을 계산하여 '용량-치사시간 환산표'에 대입, 독량을 구한다. 만약 사정상 19그램 이하거나 21그램 이상인 마우스에 주사했을 경우에는 체중에 따라 약간의 보정계수를 사용하여 보정을 하면 된다. 그래서 복어독의 경우에 1마우스단위(MU)란 체중 20그램의 ddY 마우스를 30분 이내에 사망시킬 수 있는 독량으로 정의한다.

그리고 마우스에 대한 반수치사량(lethal dose 50; LD50)은 정맥투여일 경우 8.7μg/g(마이크로그램μg은 100만 분의 1그램), 복강내투여일 경우 10μg/g이다. 그런데 마우스를 사용하는 생물학적인 방법은 실험하기가 매우 간단한 반면에 감도가 낮고 정확도가 다소 결여된다는 점이 있으며, 또한 마우스를 사육하는 데 경비나 여러 가지 면에서 수고스럽다는 점과 동물보호단체들로부터 끊임없는 원성과 지적을 받을 수밖에 없다는 것이 단점으로 꼽히고 있다.

그래서 최근에는 생물학적인 방법 대신 화학적인 방법을 사용하여 복어독을 정량하려는 움직임이 있는데, 첨단 분석기술인 고속액체

크로마토그라피-질량분석기(HPLC-MS), 가스크로마토그라피-질량분석기(GC-MS), 수소핵자기공명장치(H-NMR), 모세관 등전점 전기영동(Capillary isotachophoresis) 등을 활용한 분석방법이 점차 이용되고 있다. 머지않은 미래에는 마우스를 사용하지 않고 온전히 기기분석을 통해 독량분석이 가능할 날이 올 것이라 믿는다.

먹어도 안전한 복어는?

°

31

안심하고 먹어도 되는 복어를 우리나라 정부 쪽에서 공지한 적이 있는지는 잘 알지 못한다. 아마 그런 적이 있을 것이라고 생각되지만 아직은 찾지 못하였다. 그래서 잠시 이웃 나라인 일본에서 1983년에 후생성(우리나라의 보건복지부에 해당한다) 후생국장이 산하의 모든 지자체로 보낸 통달문을 통해 시중에서 판매해도 되는 22종의 복어에 대해 알아본다.

판매를 허용했다는 것은 당연히 식용으로 하여도 괜찮다는 의미이지만, 한 가지 짚고 넘어가야 할 점은 판매가 허용되었다고 해서 그들의 모든 조직을 다 먹어도 안전하다는 말은 아니라는 것이다. 가식(可食) 부위는 주로 근육에 국한되기 때문에 근육이 무독한 복어에 대한 판매 허가라는 점을 잊지 말아야 한다.

실제 앞서 나온 일본에서의 지자체 통달에서도 근육이 무독한 종이라도 난소와 간장은 식용을 금지하고 있으며, 특정 지역에서 어획되는 특정 복어에 대해서는 다른 지역과 달리 식용을 금지하거나 또는 이와 반대로 다른 지역에서는 식용이 금지된 특정 복어를 제한된 지역에서 어획된 것에 한해 식용을 허가하고 있기도 하다. 그 때문에 복어를 먹고자 할 때는 그만큼 여러 가지를 신경 써야 한다.

다음의 표를 보면 알겠지만, 식용이 허가된 복어는 우리들이 흔히 알고 있는 참복과(科) 참복속이나 밀복속의 복어뿐만 아니라 가시복과와 거북복과의 복어들도 포함되어 있다. 물론 식용 가능한 종 중에서 참복속의 복섬, 가시복속의 가시복, 거북복속의 거북복을 제외한 대부분의 복어는 크기가 중형~대형이라는 특징이 있고, 이 종들은 우리나라 연근해에 분포하는 것들이라서 우리도 이 종들을 먹는 것이 괜찮을 것이다.

식용 가능한 복어 중에서 가장 인기가 있는 복어는 단연코 황복, 자주복, 검자주복(참복이라고 하는 학자도 있다)이고, 그다음으로 까치복이 아

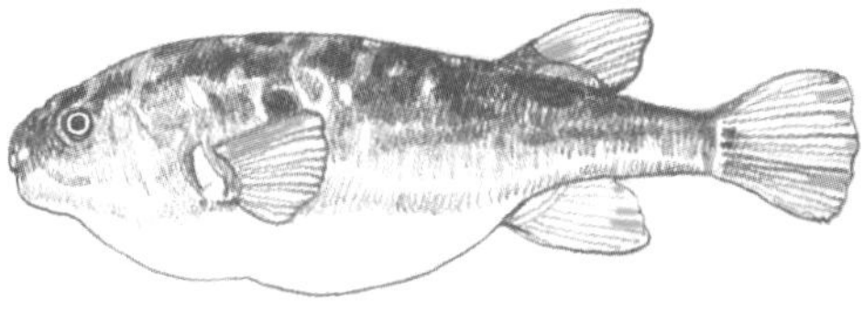

황복

식용 가능한 복어들

과 / 속	종류(종명)	근육	껍질	정소	비고 부위
참복과 참복속	복섬	○	×	○	* 난소와 간장은 무독종이라도 식용을 금지한다. ** 특정 해역에서 잡힌 흰점복과 졸복은 식용할 수 없다. *** 특정 해역에서 잡힌 국매리복은 근육 또는 정소를 식용할 수 있다.
	흰점복*	○	×	×	
	졸복**	○	×	×	
	매리복	○	×	○	
	검복	○	×	○	
	황복	○	×	○	
	눈불개복	○	×	○	
	자주복	○	○	○	
	검자주복	○	○	○	
	까치복	○	×	○	
	까칠복	○	○	○	
	황점복	○	×	×	
	국매리복***	○	×	○	
밀복속	민밀복	○	○	○	
	은밀복	○	○	○	
	흑밀복	○	○	○	
불룩복속	불룩복	○	○	○	
가시복과 가시복속	쥐복	○	○	○	
	가시복	○	○	○	
	리투로가시복	○	○	○	
강담복속	강담복	○	○	○	
거북복과 거북복속	거북복	○	×	○	

닐까 생각한다. 황복은 일본에서는 잡히지 않기 때문에 봄철에 황복이 산란하러 임진강을 거슬러 올라올 때에는 일본의 복어 마니아들이 문산 지역에 몰려드는데, 이때 어가(魚價)는 킬로그램당 30만 원을 호가할 정도라고 한다. 자주복은 동해안에서도 많이 잡혀서 겨울철만 되면 오징어잡이 어선들이 바다로 나가 복어를 잡기도 한다. 어가는 킬로그램당 대략 15~20만 원 정도이다. 이보다 어가가 조금 낮은 것이 까치복이며, 서해안에서 많이 어획된다.

한때 서해안에서 많이 어획되어 일본으로 수출되었으나 지금은 일본에서 수입을 금지한 국매리복도 4~5월이면 서해안의 여러 포구에서 손쉽게 구할 수 있다. 일본에서 자주복의 대용으로 사용하였을 만큼 육질이 다른 복어보다 강한 편이고 가격도 아주 저렴하여 킬로그램당 수천~만 원 정도에 불과하다. 그래서 복어 마니아들에게는 환영을 받는데, 주의할 점은 껍질에 독이 있으므로 구입 후 바로 껍질을 제거하는 것이 좋다. 껍질이 붙은 채로 냉동하였다가 먹을 때 해동하다 보면 껍질에 들어 있던 복어독이 근육 틈새로 스며들어 이로 인해 중독을 일으키기도 한다.

물론 밀복속의 복어가 우리나라 남해~동중국해에서 많이 잡히고 어획량도 많아서 일반 복어식당에서는 주로 이들을 매운탕이나 튀김으로 많이 사용한다. 식도락가가 아닌 다음에는 참복속 복어의 맛과 밀복속 복어의 맛을 구별하기는 쉽지 않을 것이지만, 일본에서는 이들의 가격이 하늘과 땅처럼 차이가 크다는 것이 잘 알려져 있다.

무독이라고 독이 없는 것이 아니다

°

32

앞서 복어의 조직별 독성을 설명하면서 조직 1그램당 독성이 10마우스단위(Mouse Unit, MU)보다 낮을 경우에는 이를 무독이라 한다고 하였다. 복어독의 치사량은 성인 기준으로 10,000마우스단위(MU)로 알려져 있으므로 아무리 복어를 좋아하는 사람이라고 하더라도 1킬로그램이나 먹는 사람은 없을 것이라는 가정 하에, 조직 1그램당 10마우스단위(MU) 이하일 경우에는 그걸 먹더라도 죽기까지는 하지 않을 것이라서 무독이라고 한 것이다. 따라서 무독이라고 해도 독이 전혀 없다는 것이 아니라 10MU/g 이하라는 것임을 알아야 한다. 그 때문에 복어독의 식품으로서의 안전기준도 10MU/g 이하이다.

그리고 앞에서도 잠깐 설명한 바 있지만, 복어독의 독성을 나타내는 데 쓰이는 마우스단위라는 것에 대해 설명한다.

마우스단위(MU)는 마우스에 대한 치사력의 세기를 나타내는 것이다. 그것을 재려면 먼저 복어 조직을 작은 시험관에 넣고 여기에 일정량의 1퍼센트 초산 용액을 부어 끓는 물속에서 중탕으로 가열 추출한 다음, 그 추출액 중 1밀리리터를 체중 20그램의 수컷 마우스에 복강내주사를 한다. 이때 독이 들어 있지 않으면 마우스는 죽지 않을 것이고 독이 있으면 죽을 텐데, 독량이 많을수록 사망 시간이 짧아진다. 이처럼 조직 1그램으로 마우스를 얼마나 많이 죽일 수 있는지, 곧 독의 세기인 '독력'으로 평가하기 때문에 복어 독력을 마우스단위로 나타낸다. 복어독의 1마우스단위는 마우스를 30분 이내에 죽게 하는 데 필요한 독량이라고 정의된다.

복어독으로 사람이 사망하는 양은 10,000마우스단위로 추정하고 있는데 복어 조직 1그램의 독력이 1,000마우스단위 이상, 곧 조직 10그램 정도를 먹으면 죽게 되는 독력을 '맹독'이라고 하고, 조직 1그램의 독력이 100~999마우스단위, 곧 조직 100그램 정도를 먹으면 죽게 되는 독력을 '강독', 조직 1그램의 독력이 10~99마우스단위, 곧 조직 1,000그램 정도를 먹으면 죽게 되는 독력을 '약독', 조직 1그램의 독력이 10마우스단위 미만, 곧 조직 1,000그램을 먹어도 죽지 않는 독력을 '무독'이라고 정한 것이다. 그러니 무독인 복어라고 하더라도 절대로 죽지 않을 것이라 안심해서는 안 되며, 사람에 따라서는 10,000마우스단위보다 적은 양으로도 충분히 사망할 수도 있을 것이고, 심각한 중독 증상을 겪을 수도 있으므로 조심하는 것이 좋겠다.

복어독 연구의 초기 선구자들

°

33

오늘날 우리가 알고 있는 복어독에 관한 연구 내용은 과연 어떤 연구자들이 어떻게 연구해서 알게 된 것일까? 현재 복어를 먹는 국가와 민족은 세계적으로도 매우 제한적이며, 그 중에서도 특히 일본 사람들은 복어에 대한 기호가 타의 추종을 허락하지 않을 정도로 크다는 것은 잘 알려진 사실이다. 그래서 일찍이 서구로부터 서양과학을 받아들인 일본에서 복어독에 관한 연구를 19세기 말부터 관심을 가지고 진행시켜왔다고 해도 놀랄 일은 아니라고 생각한다. 곧 복어독에 관한 연구에 일찍부터 나선 건 지구상에서 수산물을 식량자원으로 가장 많이 활용하는 일본이라는 게 어쩌면 당연한 일일 것이다.

복어가 맹독을 가지고 있는 매우 위험한 어류이고, 이를 잘못 요리해서 먹으면 죽게 된다는 사실을 동서양의 많은 사람들이 알고 있었을 것이나, 실제 그것이 어떤 독인지에 관한 연구는 19세기가 저물어갈 때까지도 오랫동안 베일에 쌓여 있었다. 하지만 두려움도 일종의 관심이었을까? 1887년 다카하시 준타로[高橋順太郎]와 이노코 기친토[猪子吉人]는 함께 복어 연구를 시작하였고, 복어독은 복어의 몸속에 있으며 물에 잘 녹고 단백질이 아니라는 걸 증명하였다.

이후 일본의 약학박사 1호인 다하라 요시즈미[田原良純]가 복어독 연구를 시작하여 1909년에는 복어 난소로부터 순도 0.2퍼센트인 조독(crude toxin)을 세계에서 맨 처음 만들었고, 그 이름을 참복과의 학명인 테트라오돈티대(tetraodontidae, '4개의 치판을 가졌다'는 뜻)와 독을 뜻하는 톡신(toxin)을 합쳐서 테트로도톡신(tetrodotoxin, TTX)이라고 하였다. 이때의 순도 0.2퍼센트를 지금의 시각으로 보면 너무 낮다고 생각할지 모르지만 당시로서는 독에 대해 아는 바가 거의 없었고, 지금처럼 분석시약이나 분리기술이 발달하지 않았던 시기라는 점을 감안하다면 상당한 수준이라고 봐야 할 것이다.

복어독을 더욱 적극적으로 연구하기 위해서는 정제된 복어독을 확보해야만 하는데 한동안 복어독을 확보하지 못해 연구도 오랫동안 큰 진전을 보이지 못했으며, 1950년에 요코 아키라[橫尾晃]가 자주복 난소 50킬로그램에서 겨우 65밀리그램의 복어독을 얻었으나 이는 구조해석에 필요한 양은 되지 못했다. 그러다가 1963년과 1964년에 각각 쓰다 교스케[津田恭介] 및 고토 도시오[後藤俊夫] 등이 이전보다는 개량된 정제법을 적용하여 겨우 구조해석에 사용할 정도의 양을 확보하면서 복어독 연구에 한 획을 긋게 되었다.

1964년은 복어독의 연구사에서 매우 뜻깊은 해였다. 그해 4월에 일본 교토[京都]에서 열린 'IUPAC 제3차 국제천연물화학회의(3rd Int'l Symposium on the Chemistry of Natural Products in Kyoto)'에서는 일본의 쓰다 교스케와 히라타 요시마사[平田義正]의 두 연구진과 미국 하버드대학의 우드워드(R. B. Woodward) 등이 각각 복어독의 구조를 발표하였는데 이들이 발표한 구조가 일치하면서 세간을 크게 놀라게 하였다. 1972년, 일본 나고야대학의 기시 요시토[岸義人]는 D,L-테트로도톡신의 전합성에 성공하였고 2003년에는 역시 나고야대학의 니시카와 도시오[西川俊夫]가 종전의 방법과는 전혀 다른 부제합성법(enantioselective synthesis)을 사용해서 복어독을 효율적으로 합성해내는 데 성공하였다.

이처럼 본격적으로 근대화된 연구를 시작한 지 반세기를 넘겨 복어독을 유기합성하기에 이른 복어독 연구는 수서생물의 생리활성물질을 탐색하는 해양천연물화학이 발전하는 데 소중한 단서가 되었고, 지금은 국내외의 여러 연구자들에 의해 복어독의 자연계 분포나 약리활성 등이 밝혀지고 있다. 이에 관해서는 뒤에 다시 다루도록 한다.

복어독과 해독제

°

34

앞서 일본과 미국의 세 군데 연구 그룹에서 밝힌 복어독의 구조가 모두 일치하였다는 설명을 한 바 있는데, 복어독은 화학구조식이 그림과 같고 분자식은 $C_{11}H_{17}N_3O_8$이며, 분자량은 319의 저분자화합물이다.

복어의 난소나 간장을 추출하여 정제한 복어독의 순수한 결정은 유기용매나 물에 녹지 않는다. 난소나 간장에 들어 있는 복어독은 산성 용액에 녹기 때문에 조직에서 추출할 때는 초산을 0.1퍼센트 정도 첨가된 용액을 사용하는 것이 좋다. 이렇게 약산성 용액에는 추출되어 나오고 안정한 상태를 유지하지만, 중성 용액에서 가열하거나 알칼리성 또는 강산성 용액 중에서는 상당히 불안정하다. 반면에 열에는 매우 안정하여, 요리할 때의 일반적 온도인 섭씨 100도에서는 전혀 변함이 없고 200도 이상이 돼야만 조금 검게 변하며 300도에서도 전혀 분해되지 않는다. 이것은 가정이나 식당에서의 일반적인 조리 가열로는 독이 분해되지 않고 독성이 유지된다는 말이다. 그렇기 때문에 복어를 회 등으로 해서 먹었을 때나 탕으로 끓여 먹었을 때 독은 파괴되지 않고 조직 내에 남아 있으므로 중독을 일으킬 수 있다. 물론 냉동을 시켜도 독은 조금도 줄어들지 않는데, 이처럼 복어를 끓이거나 얼려도 독성에 조금도 변함이 없다는 점은 두려운 사실이다.

우리가 가장 흔히 접하는 독은 어떤 것일까? 아마도 뱀독이 아닐까 싶다. 간혹 신문이나 방송을 통해 산속에서 독사에 물려 사경을 헤매던 등산객이 헬기로 큰 병원에 이송되어 해독제(항혈청)를 맞고 겨우 목숨을 건졌다고 하는 이야기를 듣거나 본 적이 있을 것이다. 그렇기 때문에 모든 동물의 독에는 해독제가 있을 거라고 막연히 믿을지 모르지만, 안타깝게도 복어독에 대해서는 이런 믿음이 통하지 않는다.

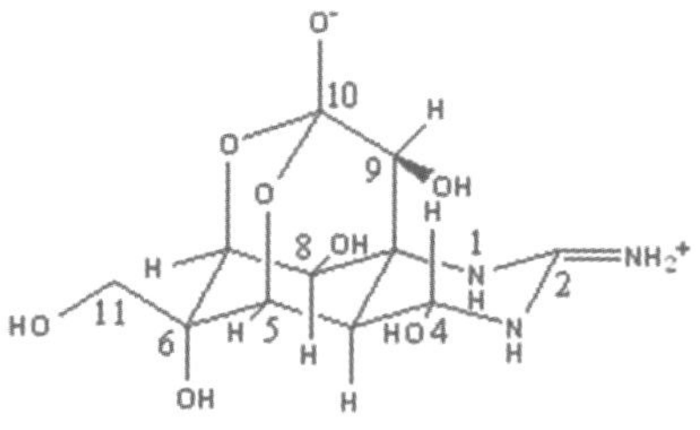

복어독 TTX의 구조

복어독의 해독제는 아직 개발되지 못했다. 설마하고 생각할지 모르지만 사실이다. 그동안 많은 연구자들이 복어독의 해독제를 개발하고자 커다란 노력을 기울였음에도 불구하고 아직껏 성공하지 못한 것이다. 왜일까?

그것은 바로 독의 분자량이 작기 때문이다. 곧 뱀독이나 전갈독, 세균독과 같은 동물이나 세균의 독은 수많은 아미노산이 결합된 단백질이기 때문에 분자량도 적게는 수만에서 많게는 수백만에 이르는 대형 분자인 반면, 복어독은 앞서 얘기했듯이 겨우 300이 조금 넘는 정도에 불과한 저분자물질이다. 곧 소량의 뱀독이나 세균독을 양이나 토끼, 말 등의 동물에게 주사한 후 이들의 체내에서 만들어진 항체를 모아 사람에게 항혈청(해독제)으로 사용할 수 있으나, 복어독은 분자량이 작기 때문에 어떤 동물이건 체내에서 항원으로 기능하지 못해서 항체가 만들어지지 않는다. 그래서 해독제를 만들 수가 없었던 것이다.

해독제가 없으니 복어독에 중독된 사람은 매우 위험해진다. 병원으로 옮기더라도 대처요법밖에 할 수가 없는데, 위에 남아 있을 독을 제거할 목적의 위세정, 독을 소변으로 빼낼 수 있도록 하려는 목적의 이뇨제 투여, 그리고 호흡곤란을 막기 위해 삽관에 의한 호흡관리 곧 인공호흡을 하는 정도이다. 그러니 누군가 저분자량인 복어독의 해독제를 만들 수 있는 기술을 개발한다면 지금보다는 더 많은 사람들이 안심하고 복어를 즐길 수 있게 되지 않을까 생각한다.

한편, 정제한 복어독의 독력을 마우스단위(MU)로 환산하면 1밀리그램이 약 5,000~6,000마우스단위 정도이다. 성인(체중 약 50킬로그램)

의 최소 치사량은 개체 차나 독을 섭취했을 때의 상황(공복, 만복, 음주 등)에 따라서 다소 다를 것이라 생각되지만 대략 5,000~10,000마우스 단위, 즉 1~2밀리그램 정도라고 추정되는데, 그렇다면 정제독 1그램은 성인 500~1,000명을 사망시킬 수 있는 엄청난 독량이 된다.

복어독의 중독 증상

°

35

생물이 가진 독 중에는 가열하면 불활성화하면서 독성을 잃는 것도 있고 그렇지 않은 것도 있다. 생물독 중에서 가장 독성이 강력하다고 알려진 보툴리누스독(botulinus toxin)과 같은 세균독도 가열하면 독성을 잃지만, 복어에 들어 있는 TTX는 굽거나 기름으로 튀기는 등의 요리를 하더라도 독성은 거의 줄어들지 않는다. 곧 일상생활에서의 가열 요리로는 독성에 아무런 영향을 주지 못한다. TTX의 사람에 대한 경구 치사량을 2밀리그램 정도로 보는데 이는 흔히 청산가리라고 하는 청산칼륨보다 1,000배나 강한 독성이다. 이처럼 독성이 강하다는 것도 두려운 일이지만, TTX에 중독되면 증상이 나타나고 진행되는 정도가 빠르다는 것 역시 두려움을 배가시킨다.

중독 증상은 대개 섭취 후 20분~3시간 정도 지나면서 다음과 같이 나타나는데, 3)번 이하의 운동불능과 같은 증상이 나타나면 중증이라서 예후가 좋지 않다.

1) 처음에는 혀끝이나 입술에 약하게 마비가 느껴지다가 점점 손가락 끝이 저리는 것처럼 마비가 느껴진다.
2) 두통·복통·어깨통증이 나타난다. 몸을 비틀거리며 걷고 목소리를 내기가 힘들어지면서 구토가 이어진다. 증상이 심한 경우에는 마비 때문에 오히려 구토를 하지 않기도 한다.
3) 움직이기가 힘들어지며 제대로 앉아 있지 못하고 옆으로 넘어진다. 지각장애와 언어장애가 심해지면서 점차 호흡곤란이 나타난다.
4) 혈압저하가 나타나며 의식장애, 호흡곤란, 치아노제(청색증)가 심해지고 침을 삼키지 못하게 된다.
5) 반사반응이 없어지고 호흡이 정지되며 심장이 멈춰 사망에 이른다. 간혹 가사 상태에 빠지기도 한다.

이렇듯 TTX에 의한 사망 사고는 대부분 식후 4~6시간에 가장 많이 일어나며 빠를 경우에는 1~2시간 만에 나타나기도 하지만, 24시간을 넘긴 사례는 매우 드물다. 그래서 만약 8시간 동안 응급처치 등으로 생명을 유지했다면 회생할 예후가 크다고 한다. 그러나 앞서도 말했듯이 해독제가 아직 개발되지 않아서 특효약은 없다. 가장 효과적인 조치는 독을 토하게 하는 것이고, 이어서 인공호흡을 끊임없이 실시하는 것이다. 이는 중독을 일으키면 호흡마비 등의 호흡계 장애가 일어나기 때문인데, 응급조치를 제대로 한다면 구명률을 높일 수 있다.

한 번 중독된 경험이 있는 사람이 이후 또다시 사고를 겪는 경우는 거의 없다고 할 만큼 중독 증상은 두렵다고 한다. 간혹 독을 조금씩 꾸준히 먹게 되면 TTX에 대한 면역이 생길 것이라 잘못 알고 있는 사람들도 의외로 많은데, TTX는 아무리 소량의 독을 오랜 세월에 걸쳐 먹더라도 면역이 되질 않는다는 사실을 명심해야 한다. 하루빨리 새로운 기술로 해독제가 만들어지기를 바라는 것이 더 타당한 기대일 것이다.

복어독은 어떻게 마비를 일으키는가

◦

36

TTX에 중독되면 처음에는 손발이나 혀, 입술 등부터 마비가 느껴지다가 점차 온몸으로 번지게 되고 급기야 호흡마비를 일으키면서 죽는다고 앞서 설명한 바 있다. 이것은 TTX가 신경독으로 작용하기 때문에 나타나는 증상으로, 신경과 골격근이 마비되는 기작을 설명하면 다음에 나오는 그림과 같다.

우선 그림에서 세포막과 세포막 사이는 세포 안을 나타내며, 세포막 바깥 부분은 세포 밖이라 생각하기로 한다. 세포막은 두께가 100옹스트롬(Å, 1Å=0.1㎚)밖에 되지 않는 아주 얇은 막인데, 세포막에는 아데노신 3인산(ATP)이라는 화합물을 에너지로 쓰면서 나트륨이온(Na^+)을 세포 밖으로 퍼내고 칼륨이온(K^+)을 세포 안으로 받아들이는 Na^+/K^+ 채널이나 K^+의 누설채널(leak channel) 등이 분포한다. 그리고 채널

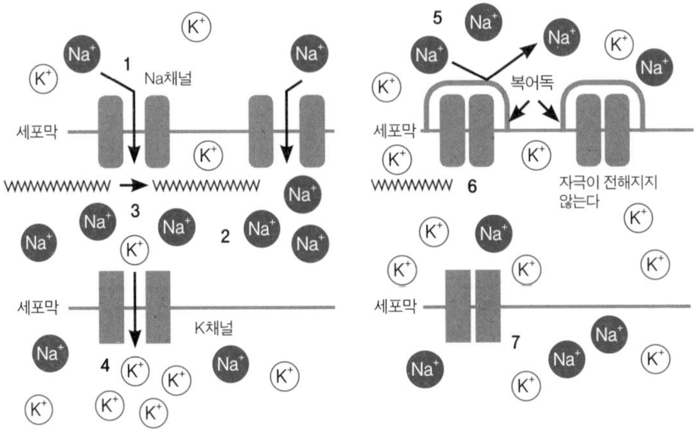

나트륨채널에 의해 자극 신호(흥분)가 전해지는 모습(1~4)과
TTX에 의해 나트륨채널이 물리적으로 저해되는 모습(5~7)의 개념도

은 세포가 외부로부터 아무런 자극을 받지 않고 있는 평정시(정지시)에는 닫혀 있어서 이온들의 출입을 억제하고 있으며, 세포막을 경계로 세포 안팎의 나트륨이온과 칼륨이온의 농도 차이로 세포 안은 세포 밖에 대해 음(-)전위를 보이는데, 이를 정지전위라고 한다. 약 -70밀리볼트(mV, 전압의 단위로 1밀리볼트는 1볼트의 1,000분의 1이다) 정도이다. 그러다가 외부로부터 자극을 받게 되면 세포막에 있던 전위의존성 나트륨채널이 활성화하게 되고, 나트륨이온이 세포 안으로 선택적으로 유입되면서 +30밀리볼트로 전위변화(활성전위)가 일어나는데, 이 과정을 탈분극이라 한다. 이렇게 활성전위가 한 번 발생하면 인접한 나트륨채널도 차례대로 활성화하면서 자극은 신경세포 안에서 전도(傳導, 흥분이 신경이나 근육 따위의 같은 세포 안에서 전해지는 일)되는 것이다.

1. 자극을 받으면 우선 나트륨채널이 열리고, 나트륨이온(Na$^+$)이 세포 밖에서 안으로 유입된다.

2. 전위차가 감소하면 나트륨채널이 더욱 더 열리고, 많은 양의 나트륨이온(Na$^+$)이 유입되면서, 전위도 음전위에서 양전위로 역전한다(탈분극).

3. 탈분극이 일어나고 나트륨채널이 열리는 것이 주변으로 퍼져나가면서 활성전위의 전도가 일어나고 흥분도 전해진다.

4. 전위의 역전이 정점에 이르면 나트륨채널이 닫히고, 전위의 존성의 칼륨채널이 열리면서 칼륨이온(K$^+$)이 세포 안으로 유입된다. 이로 인해 전위는 다시 떨어지면서 재분극이 시작된다.

5. 하지만 TTX가 있으면 자극이 세포에 전해지더라도 나트륨채널을 막아서 열리지 못하게 하므로 나트륨이온(Na$^+$)은 세포 밖에서 안으로 들어오지 못한다.

6. 전위차가 변하지 않기 때문에 탈분극은 일어나지 않고, 전위전도도 없어서 흥분이 전해지지 못한다.

7. 칼륨채널도 열리지 않는다.

TTX는 세포막에 분포하는 여러 종류의 채널 중에서 나트륨채널에만 작용한다. 곧 나트륨채널을 물리적으로 막아서 나트륨이온이 세포 안으로 유입되지 못하도록 막는다. 그렇게 되면 세포 밖의 나트륨이온이 세포 안으로 들어오질 못하게 되어 활성전위가 일어나지 못하고 마비 상태가 유지된다. 이렇게 세포막에서 자극이 전달되지 못하면

신경과 근육 세포는 흥분 전달이 안 되어 움직일 수가 없게 되고 마비 증상이 나타나는 것이다. 물론 이 작용은 신경세포나 근육세포막 모두에서 일어난다.

이와 같은 기작이 일어난다는 것은 1964년, 미국 노스웨스턴대학의 나라하시 도시오[楢橋敏夫] 박사가 처음으로 밝혀냈다. 당시에는 이온채널에 특이적으로 작용하는 화합물이 알려져 있지 않았기 때문에 TTX는 신경생리학 연구에서 소중한 도구시약으로 일약 각광을 받기도 하였다.

이처럼 TTX는 세포막에 있는 수용체(나트륨채널)에 결합하여 마비를 일으키는데, 이것은 가역반응이라서 시간이 지나면 수용체에서 TTX가 떨어지기도 하므로 중독환자의 세포조직은 별다른 손상을 입지 않는다. 또한 별다른 후유증도 없다. 결국 생명에는 치명적으로 작용할지라도 회복 후에는 더 이상 후유증 등으로 시달리지 않는다.

복어독에는 여러 유연체가 들어 있다

37

아주 오랫동안 복어독은 테트로도톡신(tetrodotoxin, TTX)이라 불리는 한 가지 성분으로 알고 있었다. 그러나 분석기술이 눈부시게 발달하면서 복어독과 기본 골격은 같으면서 일부분만 약간 변형된 유연체(analogue)들이 여럿 된다는 것이 밝혀졌는데, 현재까지 알려진 것만 해도 20여 종이 넘는다. 유연체의 독성은 복어독에 비해 비슷한 것도 있고 낮은 것도 있는 등 각양각색이다.

다음에 나오는 그림을 보면 복어독은 수용액 중에서 헤미락탈(hemilactal)형과 락톤(lacton)형의 두 가지 형태로 존재한다. 헤미락탈형이란 구조 중 5위 탄소와 10위 탄소가 산소로 연결되면서 알데히드(aldehyde; -CHO)를 이루는 형태를 말하며, 락톤형이란 이 부분이 떨어져 있고 10위 탄소에서 케톤(ketone; =CO)형을 이루는 형태를 말한

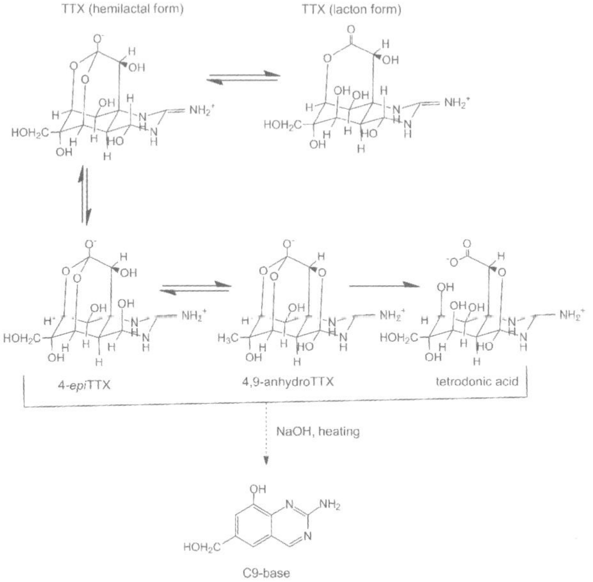

다. 그런데 이것들이 함께 섞여 있으면서 나름 안정된 상태로 있는 용액을 중성 조건으로 장시간 가열하면, 이 화합물들의 구조가 조금씩 변하여 이성체(예를 들면 4-*epi*TTX)나 무수물(예를 들면 4,9-anhydroTTX)을 거쳐 테트로돈산(tetrodonic acid)으로 된다는 것이 밝혀졌다. 앞서 복어독의 화학식은 $C_{11}H_{17}N_3O_8$이라고 하였다. 유기화합물 중의 탄소는 4가 원소라서 1가 원소는 4개가 결합할 수 있고, 2가 원소는 2개가 결합할 수 있으며, 1가 원소 2개와 2가 원소 1개도 결합할 수가 있다. 복어독에는 총 11개의 탄소가 있으며 이 탄소는 여러 원소나 반응기들과 결합할 수가 있다. 그러므로 TTX의 이성체인 4-*epi*TTX라는 것은 4위 탄소와 결합하고 있는 수소(-H)와 수산기(-OH)의 위치가 서로 바뀐 모습의 화합물인데, 유기화합물은 하나의 탄소에 동일한 반응기가 결합하여도 그 위치가 다르면 전혀 다른 성질을 나타내며 이런 화합물을 이성체(epimer)라 부른다. 또한 4,9-anhydroTTX라는 것은 탄소 4위와 9위에 연결되어 있던 수산기(-OH)가 서로 연결되면서 수소가 없어진 형태의 TTX 유연체를 뜻한다.

물론 이렇게 분자 구조가 약간만 달라져도 당연히 독성 또한 크게 달라지는데, 1밀리그램의 TTX와 4-*epi*TTX 및 4,9-anhydroTTX의 독성은 각각 4,500MU/mg, 710MU/mg, 92MU/mg이며, 테트로돈산은 독성이 거의 없다. 곧 TTX 1밀리그램은 마우스 4,500마리를 죽게 할 독력을 가지고 있으나, 4-*epi*TTX로 되면 독성이 복어독에 비해 약 7분의 1 정도로 줄어들고, 4,9-anhydroTTX로 바뀌면 독성이 또다시 약 7분의 1 정도로 줄어들어 TTX에 비해 약 50분의 1에 불과하다.

한편 TTX, 4-*epi*TTX, 4,9-anhydroTTX 및 테트로돈산을 수산화칼륨(KOH)이나 수산화나트륨(NaOH) 등의 강염기성 용액과 함께 가열하면 구조가 분해되면서 반응중간물을 거쳐 마지막에는 탄소가 9개가 있는 C9-base(Q-base)라 부르는 화합물로 바뀌게 되고, 이 화합물은 238나노미터(nm)의 자외선 밑에서 형광을 띤다. 이런 반응을 이용하면 빠르고 정확하게 복어독을 비롯한 여러 유연체 성분을 검출할 수가 있어, 기기분석 등으로 TTX와 그 근연체의 존재나 양을 파악하는 데 이용하고 있다. 하여튼 종전에는 복어독이라 하면 TTX만을 의미하는 것이었으나, 지금은 많은 종류의 유연체도 포함된다는 사실에 유의할 필요가 있겠다.

그 밖의 여러 유연체들

°

38

TTX는 구조가 TTX와 매우 비슷한 20여 종의 유연체(analogue)들과 함께 존재한다는 것이 복어독을 가진 여러 동물에서 실제로 확인되었다. 그중에서 주요한 것을 살펴보면 다음에 나오는 그림과 같은데, 복어독 구조에서 6위가 이성화한 6-*epi*TTX, 11위가 없는 11-norTTX, 그리고 5위와 6위, 11위 등이 환원된 몇 가지 데옥시물(5-deoxyTTX, 11-deoxyTTX, 5,11-dideoxyTTX, 5,6,11-trideoxyTTX) 및 11위의 산화물(11-oxoTTX) 등이 있다.

예를 들어, 흰점복의 난소를 대상으로 하여 이 유연체들의 농도(μg/g, 괄호 안은 몰비)를 살펴보았더니 복어독이 가장 많아 130μg/g(100)이었고, 그다음으로 5,6,11-trideoxyTTX가 46μg/g(34)이었으며 4,9-anhydroTTX가 36μg/g(27), 4-*epi*TTX가 30μg/g(22),

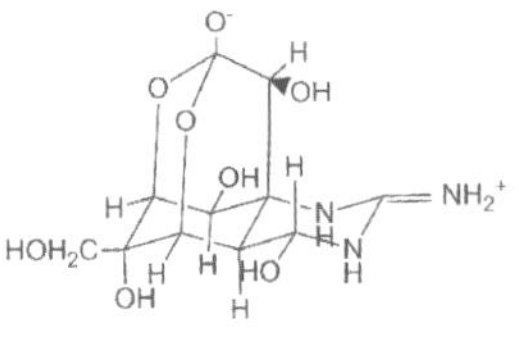

TTX

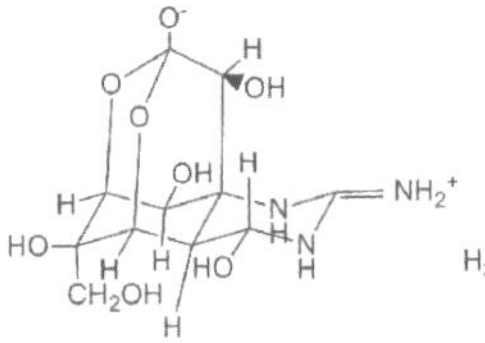

6-*epi*TTX

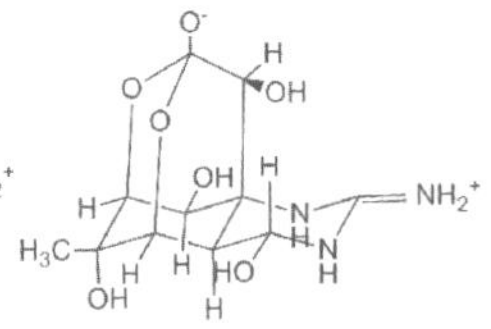

11-deoxyTTX

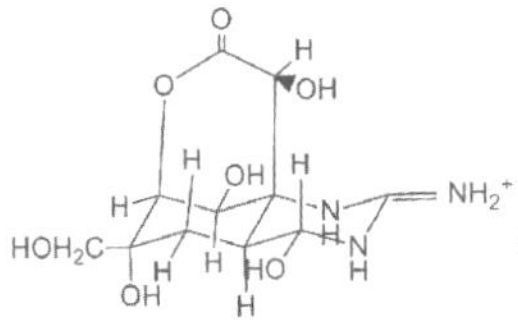

5-deoxyTTX

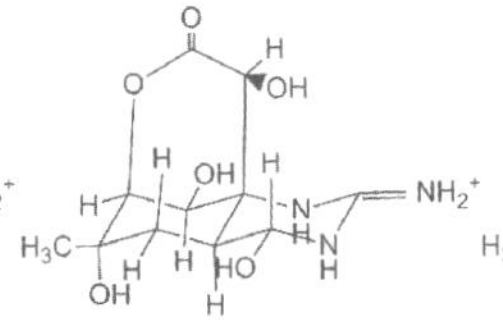

5,11-dideoxyTTX

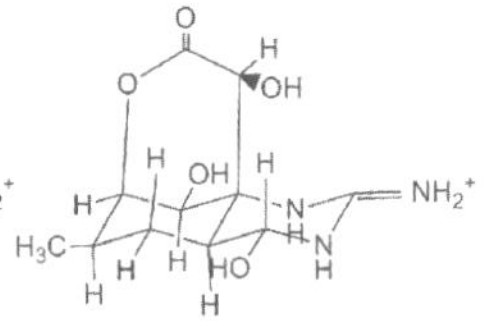

5,6,11-trideoxyTTX

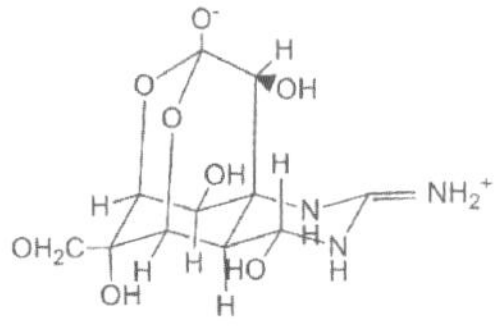

11-oxoTTX

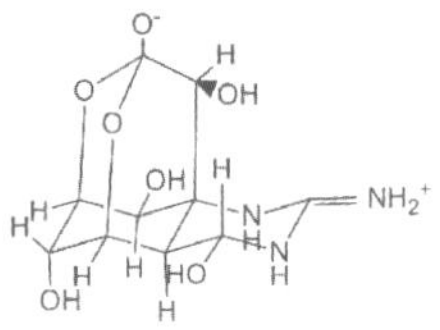

11-norTTX-6(*R*)-ol

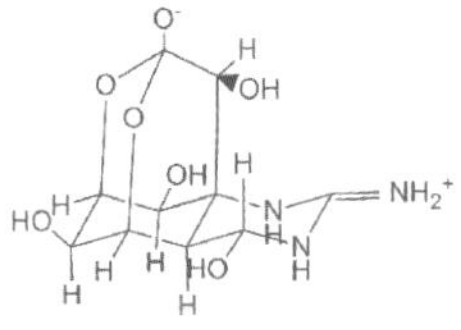

11-norTTX-6(*S*)-ol

11-deoxyTTX가 22µg/g(17), 11-norTTX-6(S)-ol가 17µg/g(12), 5-deoxyTTX가 8.4µg/g(6.2), 6,11-dideoxyTTX가 2.7µg/g(2.0), 5,11-dideoxyTTX가 2.2µg/g(1.6), 11-oxoTTX가 0.24µg/g(0.18)의 순이었다고 한다. 이것을 보면 상당히 여러 종류의 TTX 유연체가 TTX와 함께 존재하고 있다는 걸 알 수 있다.

또 당연한 말이지만, 이 유연체들은 TTX와 약간씩 구조가 다르기 때문에 독성도 또한 차이가 난다. 예를 들어 4,9-anhydroTTX의 독성은 TTX보다 크게 낮고 5,6,11-trideoxyTTX는 사실상 무독과 같다. 이것으로 TTX의 구조 중 10위의 헤미락탈이나 4위 및 5위상의 구조가 다소 달라지더라도 독성은 크게 차이를 보여, 화합물 구조의 작은 변화가 독성에 크게 영향을 미친다는 걸 보여준다.

이처럼 분석기술이 발달하면서 지금까지는 몰랐던 새로운 성분들이 밝혀지고 있어, 앞으로는 TTX와 그 유연체들이 TTX 보유동물의 체내에서 어떻게 상호 변환하는지에 대한 정보도 더욱 밝혀질 수 있을 것이라 기대한다.

복어독은 자연계 최강의 독인가

○

39

이쯤에서 잠시 쉬어 가도록 하자. 만약 지금 알아가고 있는 TTX가 자연계에 알려진 여러 독들 가운데 어느 정도로 강한 것인지 궁금하다면 다음 표를 보길 바란다.

표에서 조금 의아하게 생각되는 부분이 있을 것이다. 우리들이 TV에서 자주 보았던 코브라나 방울뱀 또는 전갈과 같은 맹독성 동물의 독이 가장 셀 것이라고 생각했을 텐데, 표에서는 보이지 않는다. 또한 뱀독이나 전갈독 대신에 시가테라독이니 팔리톡신, 삭시톡신 등의 해양생물과 관련된 독들이 여럿 보이고 있다. 뱀독이나 전갈독도 독성이 강하기는 하지만 그보다 훨씬 강한 독들이 자연계에는 많으며, 이번 기회에 해양생물이 얼마나 위험한 독을 가지고 있는지 꼭 기억해 주었으면 한다.

각종 독성분의 세기(LD50)*	
독성분	단위(㎎/kg 마우스)
보툴리누스독A(*Clostridium botulinum*)	0.0000011~0.001(사람, 경구)
파상풍균 독소(Tetanospasmin)	0.000002
Maitotoxin(시가테라독의 일종)	0.00017
Palytoxin(말미잘류의 독)	0.00025
Ciguatoxin 1B(시가테라독의 일종)	0.00045
Batrachotoxin(남미산 독개구리의 독)	0.002~0.007
Saxitoxin(마비성패독의 일종)	0.02~0.008
Tetrodotoxin(복어독)	0.01
Strychnine(식물 마전자의 독)	0.5~5
KCN(청산가리)	5~10

* 반수치사농도(lethal dose 50). 독력에 차이를 보이는 것은 자료에 따라 차이가 있기 때문이다.

표에도 나와 있듯이, 자연독 중에서 독성(반수치사농도)이 가장 강한 독은 보툴리누스독이라는 세균독이다. 이 독은 클로스트리디움 보툴리눔(*Clostridium botulinum*)이라고 하는 세균이 만들어내는데, 공기가 있으면 살아남지 못하는 편성혐기성 세균이다. 그러나 보툴리누스독은 열에 약하기 때문에 이 독이 들어 있는 식품을 가열하면 독은 무력

해지지만 포자를 만들어버린 균은 가열에 대해 상당히 강하고, 상온에 놔두면 공기와 접촉하지 않는 종류의 식품 안에서 다시 증식하기 때문에 과거에는 통조림이나 튀김요리의 밀봉포장식품 등에서 간혹 발생하기도 하였고 사망한 사례도 적지 않았다. 테타노스파스민은 역시나 혐기성 세균인 파상풍균이 만들어내는 독으로, 상처를 통해 몸 안으로 들어와 증식하는 게 아니라면 독성은 발휘되지 않기 때문에 크게 걱정할 것은 없다. 하지만 환경이 열악했을 시기에는 못 등에 찔려 파상풍독 때문에 사망한 사례들이 있었다.

보툴리누스독은 오늘날 보톡스(Botox)라는 이름으로 주름개선용 주사제로 이용되고 있다. 이는 아무리 독성이 강한 독이라도 사용하기에 따라서는 약으로 사용할 수 있다는 것을 보여주는 좋은 사례가 된다. 한편, TTX는 무기화합물 중에서 독성이 강하다고 알려진 청산가리보다 500~1,000배 독성이 강하다는 것도 알 수 있다.

참고로, 표에서 독성을 나타내는 단위로 사용한 LD50은 lethal dose 50을 줄인 것으로 반수치사량 또는 반수치사농도를 말하며, 이것은 실험 대상으로 삼은 동물의 절반(50퍼센트)을 사망케 하는 독량을 뜻한다. 이때 투여하는 방법에는 경구투여, 피하주사, 복강내주사, 정맥주사 등이 있으므로 독성을 표시할 때는 반드시 어떤 동물을 대상으로 하였고, 어떤 방법으로 투여했는지를 밝혀야 한다.

복어독을 가진 생물들

°

40

오랜 세월 동안 TTX는 복어만 가지고 있는 고유한 독이라는 생각이 일반적이었으나 1970년대 초반에 이런 생각이 틀렸다는 것이 처음으로 밝혀지게 되었다. 곧 미국 서부지역에 주로 사는 캘리포니아도롱뇽(California newt)이 가진 독을 조사하던 중 이것이 다름아닌 TTX라는 사실이 드러난 것이다. 이 사건은 TTX 연구사에 한 획을 긋는 매우 중요한 연구 결과로 받아들여졌다. 왜냐하면 이 연구가 계기가 되어 복어 이외의 동물에도 TTX가 존재할 가능성이 있다는 것이 밝혀졌기 때문이다. 그 후 실제 많은 연구자들에 의해 여러 동물로부터 TTX가 확인되었다.

다음 표에서도 알 수 있듯이, 현재까지는 척추동물인 어류와 양서류를 비롯하여 무척추동물인 극피동물, 모악동물, 절족동물의 갑각류

복어독을 가지는 동물(복어는 제외)			
분류		이름	학명
척추동물			
양서류	도롱뇽과	Califorinia newt	*Taricha torosa*
		Rough-skinned newt	*T. granulosa*
		붉은배도롱뇽	*Cynops pyrrhogaster*
		칼꼬리도롱뇽	*C. ensicauda*
		알파인도롱뇽	*Triturus alpestris*
		오레곤도롱뇽	*T. oregon*
		Smooth newt	*T. vulgaris*
		Eastern newt	*Notophthalmus virdescens*
		홍콩도롱뇽	*Paramesotriton hongkongensis*
	점박이도롱뇽과	Tiger salamander	*Ambystoma tigrinum*
	두꺼비과	*Atelopus*속	*Atelopus chiriquiensis*
		물갈퀴독개구리속	*Colostethus inguinalis*
		*Polypedates*속	*Polypedates* sp.
		*Brachycephalus*속	*Brachycephalus ephippion*
어류	망둑어과	명주망둑	*Gobius criniger*
		수염망둑	*Parachaeturichthys polynema*
	파랑비늘돔과	파랑비늘돔	*Ypsiscarus ovifrons*
		남방파랑비늘돔	*Scarus gibbus*
	청줄돔과	코란에인절	*Pomacanthus semicirculatus*
무척추동물			
극피동물	가시불가사리과	가시단풍불가사리	*Astropecten polyacanthus*
		넓적단풍불가사리	*A. latespinosus*
		단풍불가사리	*A. scoparius*
			A. vappa

복어독을 가지는 동물(복어는 제외)

분류		이름	학명
무척추동물			
모악동물	화살벌레과	화살벌레	*Parasagitta elegans*
절족동물			
_갑각류	부채게과	울긋불긋부채게	*Zosimus aeneus*
		매끈이송편게	*Atergatis floridus*
		Montagu's crab	*Lophozozymus incisus*
			Atergatopsis germaini
		*Demania*속	*Demania cultripes*
			D. toxica
			D. reynaudi
		*Actaeodes*속	*Actaeodes tomentosus*
_검미류	투구게과	맹그로브투구게	*Carcinoscoparius rotundicauda*
연체동물			
_두족류	문어과	표범무늬낙지	*Hapalochlaena maculosa*
_복족류	밤고둥과	대만밤고둥	*Umbonium suturale*
	구슬우렁이과	White moon snail	*Polinices tumidus*
		Calf moon snail	*Natica vitellus*
			N. psuestes
	수염고둥과	나팔고둥	*Charonia sauliae*
		수염고둥	*Monoplex echo*
	가시고둥과	Frog shell	*Tutufa lissostoma*
	뿔소라과	Turnip-shaped rapana	*Rapana rapiformis*
		Asian rapa whelk	*R. venosa*
	물레고둥과	수랑	*Babylonia japonica*
	털탑고둥과	털탑고둥	*Hemifusus ternatanus*
	좁쌀무늬고둥과	싸라기좁쌀무늬고둥	*Niotha clathrata*
		Cone-shaped nassa	*Nassarius condoidalis*
		고랑좁쌀무늬고둥	*Zeuxis siquijorensis*
		Pimpled nassa	*Alectrion papillosus*
		Acorn dog whelk	*A. glans*

복어독을 가지는 동물(복어는 제외)

분류		이름	학명
무척추동물			
	대추고둥과	붉은입사루라타대추고둥 대추고둥	*Oliva miniacea* *O. mustelina* *O. nirasei*
편형동물	촉수납작벌레과	다촉수납작벌레 촉수납작벌레	*Planocera multitentaculata* *P. reticulata*
유형동물	연두끈벌레과 Tubulanidae Cephalothricidae	연두끈벌레 환관끈벌레 두끈벌레	*Lineus fuscoviridis* *Tubulanus punctatus* *Cephalothrix* sp.
환형동물	Sabellidae	안점꽃갯지렁이	*Pseudipotamilla occelata*

[塩見一雄, 長島裕二. 2006. 海洋動物の毒 - フグからイソギンチャクまでー에서 일부 보완하여 옮김]

와 검미류, 연체동물의 두족류와 복족류, 편형동물, 환형동물, 유형동물 등 하등동물부터 고등동물에 이르는 25과 이상의 여러 동물에서 TTX가 확인되고 있다. 이토록 다양한 동물들이 복어독을 가지고 있다는 사실이 놀라울 뿐이다.

복어는 복어독을 만들지 않는다

。

41

앞서 설명한대로, TTX를 보유하는 동물은 복어에만 국한되지 않고 망둑어 등의 어류나 양서류인 도롱뇽이나 개구리를 비롯하여 무척추동물에도 분포하는 등 아주 광범위하다. 어떻게 이런 생물들도 TTX를 가지게 되었을까 궁금해진다. 생물들 간에 계통학적인 공통점이나 연관성이 있을까 살펴보지만 분류상으로도 서로 멀리 떨어져 있고, 생태적으로도 이렇다 할 공통점이 없다. 그러니 선천적인 요인보다는 후천적인 요인에 의해 이 생물들이 TTX를 가지게 된 것은 아닐까 생각할 수 있겠다. 만약에 그렇다고 한다면 후천적인 요인 가운데 어떤 것이 이 보유독 생물들을 연결할 수 있는 것일까?

TTX 보유동물은 스스로 독을 만들어 몸 안에 저장해두는 것이 아니라, 다른 생물이 가지고 있는 독을 먹이사슬을 거쳐 섭취하여 자신의 몸에 저장한 것은 아닐까? 만약 이런 외인설(外因說)을 주장하려고 한다면 누가 맨 처음 복어독을 만들었는지를 알아야 한다. 이런 점에서 필자를 비롯한 몇몇 연구팀은 세균(미생물), 특히 이 TTX 보유동물들의 장에서 사는 장내세균에 주목하였고, 이를 확인하려고 TTX 보유동물의 장내세균에서 TTX를 생산하는 세균을 탐색하려는 연구를 1980년대 중반부터 시작하였다. 그런 노력의 결실은 결국 1985년에 맺어질 수 있었는데, 필자는 TTX 보유동물의 장내에서 분리한 비브리오(*Vibrio*)속에 속하는 세균이 TTX를 만들어낸다는 것을 처음으로 확인하였다.

정말 운이 좋았다. 당시에는 TTX 생산세균을 동정하면서 뭔가 새롭고 특이한 세균이었으면 좋겠다고 생각했는데, 최종적으로 해양에 지천으로 널리 분포하는 가장 보편적인 해양성 세균인 *Vibrio* spp.를 확인한 것이다. 물론 그 후 여러 연구자들의 연구에 의해 아래 표에서 알 수 있듯이, 다양한 종류의 복어독 생산세균이 복어를 비롯해 가시단풍불가사리, 매끈이송편게, 투구게, 표범무늬낙지, 소형 고둥 등 TTX 보유동물은 물론이고, 홍조류인 애기산호말속(*Jania* sp.)이나 해저 또는 담수퇴적물에서도 분리되었다. 이처럼 많은 종류의 세균이 TTX를 만들어낸다는 것이 밝혀졌고 몇몇 표준균주를 사용한 연구에서도 확인되었다.

복어독을 생산하는 세균과 분리원	
생산세균	**분리원**
Vibrio spp.	매끈이송편게 국매리복 무악류 하살벌레4종 가시단풍불가사리 표범무늬낙지 심해퇴적물 복어류 유형동물 끈벌레류 7종 Nassarius semiplicatus 싸라기좁쌀무늬고둥
Pseudomonas spp.	Jania spp. (홍조) 흰점복 표범무늬낙지 싸라기좁쌀무늬고둥
Bacillus spp.	표범무늬낙지 심해퇴적물 담수퇴적물 자주복
Alteromonas spp.	표범무늬낙지 심해퇴적물

생산세균	분리원
Aeromonas spp.	심해퇴적물 싸라기좁쌀무늬고둥
Micrococcus spp.	심해퇴적물 담수퇴적물
Pseudoalteromonas spp.	*Meoma ventricosa* (성게)
Serratia marcescens	복어류
Shewanella putrefaciens	복섬
Acinetobacter spp.	심해퇴적물
Streptomyces spp.	해양퇴적물
Caulobacter spp.	담수퇴적물
Flavobacterium spp.	담수퇴적물
Plesiomonas spp.	싸라기좁쌀무늬고둥
Microbacterium arabinogalactanolyticum	복어류
Nocardiopsis dassonvillei	자주복
Actinomycete spp.	자주복
Marinomonas spp.	싸라기좁쌀무늬고둥
Tenacibaculum spp.	싸라기좁쌀무늬고둥

[Chau 등, 2011, Aquat. Toxicol., 104, 61-72 정리]

표준균주를 사용한 복어독 생산 여부 확인 실험

세균균주	복어독 확인 분석법		
	HPLC		GC-MS
	TTX	Anh-TTX	
Vibrio alginolyticus ATCC 17749	-	+	+
V. alginolyticus NCMB 1903	-	+	+
V. anguillarum NCMB 829	-	+	+
V. anguillarum NCMB 1291	-	+	+
V. costicola (*V. costicolus*) NCMB 701	-	+	+
V. fischeri NCMB 1281	-	±	-
V. fischeri (*Photobacterium fischeri*) NCMB 1281	-	±	±
V. harveyi (*Aeromonas harveyi*) NCMB 2	-	±	+
V. marinus Ps 207	-	±	±
V. parahaemolyticus NCMB 1902	-	+	+
V. parahaemolyticus ATCC 17802	-	+	+
Photobacterium phosphoreum NCMB844	±	+	+
Aeromonas hydrophila NCMB 89	-	+	-
A. hydrophila NCMB 89*	-	±	-
A. salmonicida ATCC 14174	±	+	+
A. salmonicida ATCC 14174*	±	±	+
Plesiomonas shigelloides ATCC 14029	±	+	+
E. coli IAM 12914	-	±	±
Alteromonas communis IAM 12918	-	±	±
A. nigrifaciens IAM 13010	±	±	±
A. vaga IAM 12922	±	-	±

[Simidu 등, 1987. Appl Environ Microbiol. 53(7), 1714-1715 정리]

이 결과에서 보듯이 TTX의 제1차 생산자로 세균은 유력후보이다. 그렇지만 분리한 세균이 만드는 양이 적고, 분리 직후는 독을 생산하더라도 계대배양(미생물을 배양주기에 따라 이전의 배지에서 신선한 배지로 옮겨 배양하는 방법)을 거치는 동안 세균은 독을 생산하지 않게 되는 등 복어나 TTX 보유동물의 독화에 세균의 독 생산이 얼마나 기여하고 있을지에 관해서는 아직 해결해야 할 문제가 많다. 나반 현재의 세균배양기술로는 배양할 수 없는 세균이 복어독을 생산할 가능성도 충분히 있기 때문에 앞으로 더욱 해명이 되길 기다려볼 필요는 있을 것이다.

양식한 복어는 독이 없다

◦

42

지금까지 밝혀진 바에 따르면, 복어독을 만드는 가장 하등의 생물은 해양세균이다. 그러나 실제로 TTX 보유 생물의 장내에 서식하면서 만들어내는 양은 많지 않기 때문에, 이 해양세균이 보유하고 있는 TTX는 아무래도 장내세균이 만들어내는 독만이 아니라 먹이사슬을 통해 얻어진 TTX가 생물농축한 것이 클 것이라고 생각한다. 곧 자연계에서 TTX를 만드는 세균이나 TTX를 가지고 있는 저서생물이 바닥에는 많을 테고, 그래서 이들을 잡아먹는 자연산 복어에는 독이 체내에 농축되어 있을 것이다. 하지만 바닥과 어느 정도 거리를 둔 가두리에서 사육하거나, 또는 실내의 개방형이나 폐쇄형 순환수조에서 키우면서 TTX가 들어 있지 않은 인공사료나 생이료(生餌料)를 먹이면서 키운 복어는 TTX를 섭취할 수 없기 때문에 당연히 생물농축도 되지 않아 독이 없는 복어가 된다. 이렇게 키운 복어라면 조금도 위험하지 않으므로 복어를 좋아하지만 독 때문에 망설이는 사람이라도 안심하고 먹을 수 있을 것이다. 실제로 이런 사육 방법은 일선의 양식장에서 오랜 세월에 걸친 연구를 토대로 한 과학적 통계 결과에 의해 뒷받침되어 고안된 것이다. 그런 연구의 일부를 소개한다.

1980년대 초반, 일본 도쿄대학의 마쓰이 박사 팀은 무독의 양식 자주복에게 뱀장어 사료 또는 유독 복어의 난소를 먹이는 실험을 하였다. 이때 뱀장어 사료를 먹인 복어에서는 전혀 독성이 검출되지 않았지만, 유독한 난소를 먹인 복어에서는 간장을 비롯하여 담낭, 비장, 신장, 생식선, 껍질, 근육 등에서 독이 검출되었다고 보고하였다. 자주복을 대상으로 실험을 한 것은 양식산 자주복은 물론이고 자연산 자주복도 껍질이나 근육에는 독이 없기 때문에 소비자들이 가장 많이 선호하는 복어 중 하나이고, 가격도 비싼 탓에 주요 양식 대상 어종이었기 때문이다.

이들에 이어 야마모리 박사 팀도 무독한 양식 복섬에게 독이 들어있는 사료를 30일간 먹인 다음 무독한 사료를 주면서 170일간 더 키우는 실험을 하였는데, 독이 없는 사료로 키운 복섬에서는 독성이 검출되지 않았지만 독이 있는 사료로 30일간 사육한 복섬에서는 간장과 난소, 껍질에서 독성이 검출되었다. 참고로 자연산 복섬은 간장과 난소는 맹독이고, 껍질은 강독인 복어이다. 그리고 독이 없는 사료로 바꿔서 170일간 사육한 복섬에서는 앞서 축적되었던 독이 약간 줄기는 했어도 상당 부분이 남았다고 한다. 이 결과는 일단 체내에 축적된 TTX는 외부 공급이 한동안 끊어지더라도 쉽게 배출하지 않으며 상당 기간 체내에 보유한다는 것을 보여준다.

앞의 두 실험 결과를 보면 자주복이나 복섬 등 복어의 종류에 따라 TTX의 체내 축적 정도, 곧 축적 부위와 축적 독성이 다르다는 것도 알 수 있다. 그러나 어째서 독이 그 부위에 주로 축적되는지에 관해서는 아직까지 밝혀지지 않았으며 앞으로 연구해서 밝혀야 할 것이다.

상기한 결과들을 정리하면, 실제 야외나 또는 실내에서 무독 복어를 양식하고자 할 때 야외에서는 바닥과 충분한 거리를 두고 무독한 인공사료를 공급하면 될 것이고, 실내에서는 무독의 인공사료를 공급한다면 얼마든지 가능하다는 것이 밝혀졌다. 그리고 이와 같은 무독 복어의 양식 방법에 관해서는 일본의 대학과 기업이 연합하여 2005년에 개방특허를 낸 바 있다.

복어는 어떻게 독을 가질 수 있을까?

。

43

많은 사람들은 아마도 복어가 어떻게 TTX를 체내에 축적하는지에 대해 관심이 있을 것이다. 그래서 복어가 TTX를 어떤 경로를 거쳐 축적하는지를 간단히 살펴보겠다.

1960년대까지는 TTX가 복어에만 존재하는 고유한 독성분이라 생각했지만, 이후 도롱뇽과 명주망둑을 필두로 하여 어류, 양서류, 갑각류, 두족류, 패류에 이르기까지 동물계에서 광범위하게 분포한다는 것을 알게 되었다. 그런데 TTX 보유동물은 모두 '물'과 관련이 있는 생물들이라는 것은 의미가 깊다.

먼저 복어의 TTX는 어디로부터 온 것일까? 독화 경로는 크게 나누어 다음의 3가지를 생각할 수 있을 것이다.

첫째, TTX 보유생물이 스스로 TTX를 생합성할 능력이 있거나,

둘째, 공생하고 있는 세균이 만든 TTX를 체내에 축적한 것이거나,

셋째, TTX를 가지고 있는 다른 먹이생물을 잡아먹고 체내에 축적한 것이다.

TTX 연구가 충분하지 않았던 시기에는 첫 번째에서 말하는 것처럼 복어 자신이 복어독을 만들 능력이 있는 것이 아닐까 하는 생각이 일반적이었다. 그러나 이것은 TTX가 복어만의 독이 아니라는 사실과 또한 해저로부터 충분히 격리된 가두리에서 양식한 복어는 독을 가지지 않는다는 것이 확인되었기 때문에, 곧 복어가 스스로 TTX를 생합성하는 능력이 없다는 것을 말해주는 것이라서 설명이 안 된다.

그렇다면 두 번째 설명은 어떨까? 장내세균이나 펄 등에서 분리해낸 TTX 생산세균들을 실험실에서 대량 배양하면 어느 정도 TTX를 생산해내기는 하지만, 그 양이 미미해 복어의 독이 모두 이들에 의해 만들어진 것이라고 말하기는 어렵다. 그리고 장내세균이 만든 독만으로 독화한 어류가 아직까지 확인된 바도 없다. 그렇다면 이제 남은 것은 세 번째 설명인데, 가장 설득력이 있다.

바닷속에 TTX 생산세균들이 만든 독을 소형 동물들이 먹어 저장하고 있다가 다른 동물에게 먹히면서 독이 복어로 전해진다는 설명이다. 실제로 복어는 바닥에서 사는 여러 소형 동물을 잡아먹는 것으로 잘 알려져 있어 이런 가정을 뒷받침한다. 그러나 한 가지 의문을 가질 수가 있겠다. 바닥의 소형 동물을 복어만 먹는 것이 아닐 텐데 어째서 다른 동물에서는 TTX가 확인되지 않는 데 비해 복어만 저장하는가

하는 점이다. 이는 복어 외에도 TTX를 가지는 특정한 종들 모두에게 해당되는 의문이다.

이에 대한 설명으로는 아마도 TTX의 독성에 견딜 수 있는지 아니면 견딜 수 없는지에 따라 차이를 보이는 것이 아닐까 생각된다. TTX에 내성을 가진 생물은 먹이사슬을 통해 섭취한 TTX를 체내에 축적할 수가 있어 녹화하지만, TTX 내성이 없는 생물은 설사 섭취하였더라도 곧장 토해내거나 하여 저장하지 않을 것이기 때문이다. 실험실에서 사육하던 게에게 유독 복어의 말린 살점을 주었더니 일단 삼키기는 하지만 곧바로 토해내는 광경을 여러 차례 본 적이 있는데, 자신에게 해로운 물질의 존재를 신속하게 판별해내는 능력에 감탄했었다.

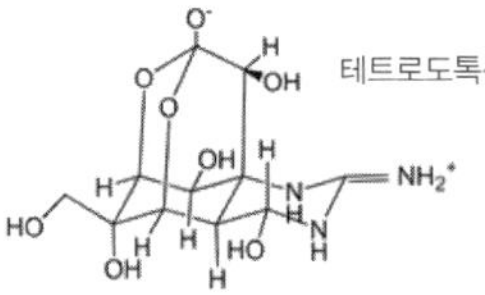

테트로도톡신

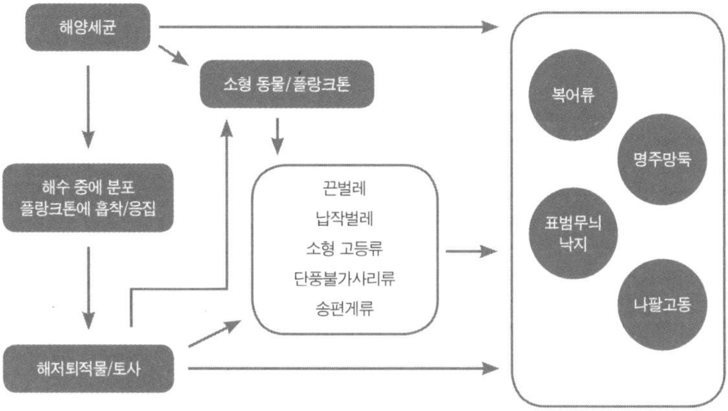

물론 아직까지 복어 이외에 다른 TTX 보유동물의 독화에 관해서는 연구된 바 없지만, 아마도 복어와 마찬가지로 스스로 독을 만들어내기보다는 주로 먹이사슬을 거쳐 TTX를 축적할 것이라 여겨진다. 그래서 해양세균을 기원으로 하는 독화의 추정 경로를 나타내면 왼쪽의 그림과 같을 것이다.

바닷속 여기저기에 존재하는 해양세균 중에는 비브리오(*Vibrio*)속처럼 TTX를 만드는 종이 있다. 바닷물 속이나 바닥의 펄 중에도 이런 세균들이 살고 있기 때문에, 바닷물이나 플랑크톤 등에는 방출된 TTX가 미량으로 존재할 수도 있다. 게다가 해양퇴적물이나 펄에는 플랑크톤이나 소형 동물 등 TTX를 가진 동물의 사체에 들어 있던 TTX가 잔류하고 있을 것이라 생각된다.

바닷물이나 펄에 사는 데트리터스 식자(detritus feeder)가 TTX가 들어 있는 유기물을 먹으면 TTX를 체내에 축적할 텐데, 이걸 먹은 소동물이 TTX에 대해 내성을 가지고 있다면 독을 체내에 축적할 것이고 내성이 없다면 토해낼 것이며, 언젠가는 내성이 있는 동물에게 먹혀서 그 동물의 체내에 축적될 것이다. 처음에는 적은 독량이더라도 생물농축이 되면서 독량은 늘어날 것이며, 먹이사슬의 상위에 위치한 동물은 많은 양의 독을 체내에 보유하게 될 것이다. 또 TTX를 가진 동물이 죽으면 그 사체를 스캐빈저(scavenger, 청소 동물)인 소형 권패(卷貝)가 먹기도 하고, 혹은 분해되어 해저퇴적물과 펄에 남으면서 위의 과정이 반복될 것이다. 이처럼 TTX 보유동물의 독화는 먹이사슬에 따른 것으로 생각하는 것이 현재로서는 가장 타당할 것이다.

복어는 어떻게 독을 소화하고 흡수할까?

°

44

앞서 자주복이나 복섬에게 일반 사료나 독이 들어 있는 사료를 주었더니, 일반 사료를 먹은 복어는 독을 갖지 않았으나, 독이 들어 있는 사료를 먹은 것은 간장 등 여러 조직이 독화한 실험 결과를 설명한 바 있다. 이처럼 복어에게 TTX를 먹이면 간장에 축적된다는 것이 증명되었지만 이 결과로는 TTX가 어떻게 간장까지 이동했는지에 대해서는 알 수 없으며, 다만 독이 소화관에서 흡수되고 혈액을 따라 운반되어 간장에서 축적된다고 추정할 뿐이었다. 그런데 최근 도쿄해양대학의 마쓰모토 박사 팀이 이에 관해 귀중한 연구 결과를 얻었는데, 그 내용은 아래와 같다.

실험은 다음과 같이 실시되었다. 곧 마취시킨 자주복의 소화관에

TTX를 한 번 주사한 다음 언제부터 혈액에서 독이 검출되는지를 조사하였더니, 주사하고 3분 후부터 혈액에서 TTX가 검출되기 시작했고 30분 후에는 그 농도가 가장 높아졌다가 이후 점차 줄어드는 경향을 보였다. 이는 복어 소화관에서 TTX가 흡수된다는 사실을 보여주는 것이다. 또한 자주복의 정맥에 TTX를 주사한 경우에는, 주사한 직후에 혈액 중의 TTX 농도가 가장 높고 시간이 지나면서 줄어든다는 것이 확인되기도 하였다.

그래서 다음에는 소화관에 직접 투여한 TTX가 얼마나 혈액에 흡수되는지를 조사하였더니 대략 60퍼센트 정도가 혈액에 흡수된다는 것이 관찰되었는데, 이 정도는 일반적인 성분의 흡수 정도에 비하면 매우 높은 편이다. 게다가 주사하고 5시간이 지났음에도 혈액에서 일정하게 농도가 유지되면서 완전히 소실되지 않았고, 간장에서도 독이 검출되는 것으로 미루어 자주복 소화관에 투여된 TTX는 상당량이 신속하게 흡수되어 혈액에 의해 운반되고 단시간 안에 간장으로 옮아가 축적된다는 것을 알 수 있었다.

아울러 복어의 간정맥에 TTX를 주사하여 체내의 각 조직으로 얼마나 옮아가 축적되는지를 조사한 연구에서는 다음에 나오는 그림에서와 같이 혈액 중의 TTX 농도는 시간이 지나면서 줄었고 신장과 비장의 TTX 농도도 마찬가지로 줄었지만, 이와는 달리 근육과 껍질에서는 투여하기 전후로 크게 달라지지 않았다. 또 간장에서는 시간이 지나면서 축적량이 많아져 60분 후에는 투여 독량의 60퍼센트 이상이 검출되었다고 한다.

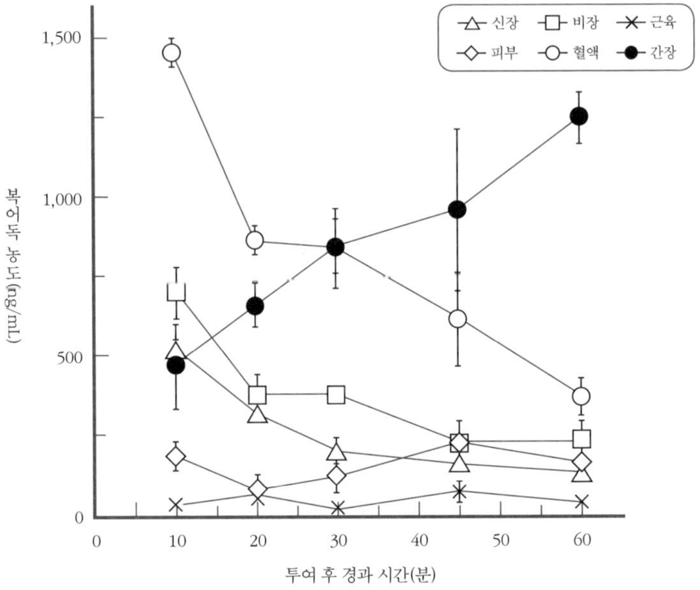

마취 자주복에 대한 복어독의 간정맥 투여 시 시간 경과에 따른 조직별 농도 변화
[長島・松本, 2013에서 인용]

이런 결과는 TTX의 체내 움직임에 대해 흥미로운 점을 보여주고 있다. 곧 TTX의 체내 축적 형태가 복어의 조직에 따라 3가지로 구분된다는 점이다. 첫째는 혈액 중 농도와 유사한 거동을 보이는 체순환 형태(신장, 비장)이고, 둘째는 혈액에서 TTX를 받아들여 축적하는 형태(간장)이며, 셋째는 혈액 중의 TTX 농도와는 분포평형이 성립되지 않는 말초 형태(근육, 껍질)이다. 다시 말해서 TTX를 주사하면 체내의 모든 조직에서 시간 경과와 더불어 독의 농도가 일률적으로 증가할 것으로 생각하지만 실제로는 그렇지 않으며, 시간이 지나면서 증가하는

조직도 있고 감소하는 조직도 있고 전혀 변화가 없는 조직도 있다. 동일한 체내에서도 조직에 따라 독의 축적 패턴이 이처럼 다양하다는 것은 매우 흥미로운 변화 양태가 아닐 수 없다.

그럼 암컷과 수컷은 TTX의 생체농축에 차이가 있을까? 이를 알아보고자 왕(Wang) 등은 산란기에 접어든 복어에게 TTX를 근육주사한 다음 조직별 독성을 조사하였는데 난소에서는 시간이 지나면서 독성이 증가한 반면, 정소에서는 독성이 검출되지 않았다. 이것은 성별에 따라 독의 축적 패턴이 다르다는 것을 보여주는 결과이다. 어째서 난소는 TTX를 축적하는 데 비해서 정소는 그렇지 않은지에 관해서는 추후에 설명하도록 한다.

복어는 주로 간장에서 독을 흡수한다

。

45

복어에 TTX를 주사하였더니 혈액을 따라 운송된 독이 간장에 흡수되면서 축적된다는 사실을 알아보았다. 그렇다면 복어가 아닌 일반 어류도 간장에서 TTX를 흡수할 수 있는지 또는 TTX를 보유하는 어류만 흡수할 수 있는지를 알아볼 필요가 있을 것인데, 이에 관해서는 나가시마 유지[長島裕二] 등이 조사한 내용이 있기에 소개한다.

나가시마 등은 복어를 비롯한 몇몇 어류의 간장을 얇게 조각낸 절편을 TTX가 들어 있는 배양액(섭씨 20도) 중에 넣어 배양하면서 절편에 흡수된 독량을 조사하였다. 그랬더니 일반 어류인 돌돔(*Oplegnathus fasciatus*)이나 쥐치(*Stephanolepis cirrhifer*)나 말쥐치

(*Thamnaconus modestus*)의 간장 조직 절편에서는 TTX 축적량이 배양시간에 따라 별다른 변화를 보이지 않았던 데 비해서, 자주복의 간장 조직 절편에서는 TTX 농도가 배양시간과 더불어 증가한다는 사실을 확인하였다. 이 실험 결과는 간장에서의 흡수와 축적이 복어의 독화에 중요한 역할을 하며, TTX의 흡수와 축적 메커니즘은 TTX를 보유하는 동물과 그렇지 않은 동물에서 매우 다르다는 것을 보여준다. 다시 말해 TTX에 의한 독화는 간장이 독을 흡수하고 축적할 수 있는지에 따라 결정된다는 것이다.

그럼 흡수되어 축적된 TTX는 언제쯤이면 배출될까? 이에 관해서는 노구치 다마오[野口玉雄] 등이 실험한 바 있는데 매우 놀라운 결과를 보여준다. 곧 TTX가 들어 있는 사료를 먹여 독화된 양식 자주복에게 TTX를 더 이상 주지 않고 일반 양어 사료로 사육하였는데 3년이 지나도록 독성이 약간 줄어들기는 했지만 소실되지 않았고, 이와 동일한 결과가 복섬에서도 관찰되었다. 게다가 앞서 언급한 간장 조직 절편의 배양 실험에서도 일단 독화된 절편을 TTX가 들어 있지 않은 배양액에 옮겨도 48시간 이내에서는 독의 손실이 별로 나타나지 않았다고 한다. 이런 결과는 자주복이나 복섬처럼 TTX를 보유하는 복어류는 간장에 축적된 TTX를 좀처럼 배출하지 않고 그 상태를 오랫동안 유지한다는 것을 알려준다.

복어는 복어독에 이끌린다

°

46

TTX를 보유하지 않은 일반 어류는 TTX를 후각적으로나 미각적으로 인식하고 기피하는 행동을 보이지만, 이와는 달리 복어류는 TTX를 인식하고 유인된다고 한다. 어떤 근거로 그렇게 말할 수 있는지 알아보도록 하자.

사이토 도시오[齊藤俊郎] 등은 해수를 채운 수조의 양끝에 TTX를 넣은 젤라틴 막대와 넣지 않은 막대를 세워두고, 수조의 중앙 지점에 자주복 치어를 풀어준 다음 어느 쪽에 흥미를 보이는지 관찰하였다. 그랬더니 독이 들어 있지 않은 젤라틴 막대에는 조금도 관심을 보이지 않은 데 반해, 독이 들어 있는 젤라틴 막대에는 관심을 보여 가까이 다가와서 입질을 하는 등 섭이자극행동을 보인다는 것을 관찰하였고, 이것으로 복어는 TTX에 유인된다고 결론지었다.

또한 오키타 고겐[沖田光玄] 등은 후각기관을 일부러 손상시킨 자주복 치어를 사용하여 동일한 유인실험을 하였는데, 치어가 젤라틴 막대에는 거의 관심을 보이지 않는 것으로 미루어 복어는 후각으로 TTX를 감지한다는 사실도 확인하였다. 이런 결과를 정리하면, TTX를 보유하지 않은 일반 어류는 TTX를 미각으로 감지하고 기피하는 데 비해서 TTX를 보유하는 복어류는 TTX를 후각으로 구분해낸다는 것을 알 수 있다. 결국 복어류는 TTX를 가지고 있는 작은 생물들을 골라서 즐겨 잡아먹어 TTX를 체내에 축적하는 것이라 여겨진다.

대만의 황등복(黃登福) 등은 TTX 보유동물이 TTX에 강하게 유인된다는 것을 소형 고둥류에서도 확인하였다. 곧 TTX를 보유하는 소형 고둥류가 외적 등의 자극을 받으면 TTX를 분비할 뿐만 아니라 TTX에도 강하게 유인된다는 것을 관찰하였다. 독성이 강한 종일수록 TTX를 좋아하며, 무독의 일반 고둥류는 TTX에 대해 반응을 보이지 않거나 기피하는 반응을 보이는 것으로 미루어 TTX가 유독종에게는 유인물질로 작용하지만 무독종에게는 기피물질로 기능한다고 하였다.

한편, 마쓰무라 겐도[松村健道]는 성숙한 복섬 수컷이 매우 낮은 농도의 TTX에 유인되는 것을 확인하였다. 이것은 수정을 위해 암컷이 배란한 알에 들어 있는 TTX에 수컷이 유인되기 때문이며, 이런 의미에서 TTX는 페로몬 기능을 한다고 하였다. 또한 TTX가 도롱뇽 유생에서는 서로 간에 공식(共食)을 막기 위한 경고페로몬으로서도 작용한다는 것이 알려져 있다. 복어에 기생하는 요각류(copepoda)는 자기의 숙주가 될 복어를 선택할 때에도 TTX를 이용한다고 하며 유인물질로서도 기능한다는 보고가 있다.

이처럼 TTX를 보유하지 않은 동물에게 TTX는 생명을 위협하는 독에 지나지 않지만, TTX를 보유하는 동물에게는 자기가 속해 있는 생태계에서 살아남기 위해 필수적인 성분으로 기능하고 있다. 앞으로는 지금까지 잘 알려지지 않았던 새로운 기능이 TTX에서 더 밝혀지기를 기대해본다.

복어독은 방어물질이다

○

47

TTX가 TTX 보유동물에게는 유인물질이나 섭이자극물질로 작용하며 일반 동물에게는 기피물질로 기능한다는 것을 설명한 바 있으나, TTX의 역할 중에서 가장 강조되어야 할 것은 아무래도 포식자로부터 자신을 지키는 방어물질로서의 역할이 아닐까 생각한다. 그래서 이에 대한 연구 결과를 소개한다.

1980년대 중반에 유독 복어의 피부에는 특이한 샘(腺)조직이 분포하며 전기쇼크 등의 자극을 받으면 TTX를 다량으로 방출한다는 것이 알려졌다. 비슷한 시기에 사이토 도시오[齊藤俊郎] 등은 복어의 체표를 거즈로 가볍게 닦아내는 온건한 자극(핸들링 자극)만으로도 복어가 독을 방출한다는 사실을 밝혀냈다. 그 후 면역조직화학이라는 첨단기법을 사용해 조사하였더니, 복어류의 피부에는 TTX가 들어 있는 샘조직이 분포한다는 것이 국매리복에서 관찰되었다. 더욱 흥미로운 사실은 인디안복어(*Tetraodon steindachneri*)나 초록복어(*Tetraodon nigroviridis*)와 같은 기수(해수와 담수가 섞여 염분이 적은 물)산의 복어에서도 체표에 분비세포가 관찰되었고, 그곳에 TTX가 들어 있다는 것이 밝혀졌다.

곧 복이는 포식자 등 외적을 만나면 뱃속의 팽창낭으로 해수를 빨아들여 몸을 부풀리면서 상대방에게 위협을 가할 뿐 아니라, 실질적으로는 피부에 있는 독샘이나 독분비세포로부터 TTX를 방출해서 자기를 방어한다고 판단된다. 해수 안에서 주변으로 방출된 독은 즉시

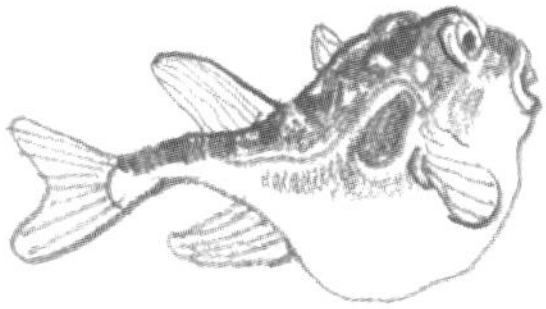

해수에 의해 희석되기 때문에 상대를 죽일 정도는 되지 못하지만, 앞서도 말한 것처럼 TTX를 보유하지 않은 일반 어류는 매우 낮은 농도의 TTX를 미각기관에서 감지할 수 있기 때문에 위험하다고 느끼거나 또는 맛없는 것으로 인식해 결과적으로는 복어를 잡아먹지 않게 되므로 기피물질로 작용할 것이라 여겨진다.

이렇듯 몸의 껍질에서 독을 분비하는 것은 비단 복어뿐 아니라 양서류인 일본도롱뇽에서도 관찰되었다. 일본도롱뇽은 껍질에 TTX가 들어 있는 샘조직이 있는데, 외부로부터 자극을 받으면 TTX를 분비한다. 이 종은 흑갈색인 등쪽을 위로 향하게 하여 숨어 지내다가 포식자에게 공격을 받으면 즉시 몸을 뒤집어서 붉은색인 배를 보이는 형태를 취하는데, 이렇게 복부의 적색(경고색)과 몸을 뒤로 젖히는 행동(방어행동)을 보이는 한편으로는 TTX를 분비해서 자신이 맛없다는 것을 포식자에게 학습시켜 몸을 지키는 것으로 알려져 있다.

TTX를 보유한 세팔로트릭스(*Cephalothrix*)속의 유형동물(끈벌레)이나 소형의 유독 고둥류도 자극을 받으면 체표에서 TTX를 분비한다는 것이 관찰되었으며, 이들도 모두 TTX를 방어물질로 이용하고 있을 가능성이 크다. 더욱이 복어가 산란한 알에도 TTX가 존재한다는 것은 잘 알려져 있는데, 알의 독은 대부분 부화자어(孵化仔魚)로 전해지고 부화 후 적어도 수 주 동안은 독성이 유지된다.

한편, 넙치(*Paralichthys olivaceus*)나 벵에돔(*Girella punctata*)에게 TTX가 있는 복섬이나 자주복의 부화자어를 주면 일단은 삼키지만 곧바로 토해낸다는 점, 그리고 복섬이나 자주복의 부화자어의 체표에서도

TTX가 분포한다는 점, 일반 어류는 미각기관으로 매우 낮은 농도의 TTX를 감지할 수 있다는 점, 독이 없는 송사리(*Oryzias sp.*) 치어나 알테미아는 토하지 않고 그대로 삼켜 먹는다는 점 등을 종합적으로 고려하면, 복섬이나 자주복의 자어에서는 어미로부터 전해 받은 TTX가 포식자에 대한 기피물질로 기능하고 있다고 볼 수 있다. 따라서 TTX를 보유하고 있는 납작벌레나 끈벌레, 투구게 등의 알에도 고농도의 TTX가 존재하는 것으로 미루어 이 생물들의 TTX도 복어에서와 마찬가지로 기피물질로 기능하며, 알이나 부화유생의 생존에 기여할 가능성이 크다고 할 것이다.

복어독은 공격물질이다

°

48

밤이나 거미, 전갈처럼 다른 동물을 물거나 찌르면서 독을 주입해서 상처를 입히는 동물에게 독은 공격물질로 쓰인다. 그러나 복어류를 비롯하여 대부분의 TTX 보유동물은 자기가 포식자에게 잡아먹히거나 위협을 받지 않는 한 먼저 찌르거나 물거나 하지 않기 때문에 TTX에 의해 중독되거나 피해를 입지는 않지만, 먹이생물을 잡기 위해서는 공격물질로 사용하기도 한다. 그 대표적인 것이 표범무늬낙지(blue-ringed octopus)이다. 문어(octopus)라는 이름이 붙긴 했어도 크기는 10센티미터 정도에 불과하다. 이 종은 이름에 걸맞게 표범을 연상시키는 붉고 아름다운 파란 고리 모양의 반점을 가지고 있어 한때는 관상용으로 펫숍(pet-shop)에서도 많이 판매한 적이 있다. 식성은 육식성이고, 후부침샘에 TTX가 들어 있어 먹이를 붙잡을 때 물어서 독을 주입한다. 호주나 필리핀 등의 열대나 아열대 해안에서는 실제로 스킨다이버 등이 호기심에 건드렸다가 물려서 사망한 사례도 있을 정도라서 맨손으로 만지는 것은 매우 위험하다. 최근 온난화의 영향으로 해수 온도가 올라가면서 일본과 우리나라 제주도 연안에서도 관찰된다.

끈벌레(ribbon worm)도 많은 양의 TTX를 보유하고 있다. 면역조직화학적인 방법으로 조직 내 TTX의 미세 분포를 조사해, 표피의 간상세포(杆狀細胞)나 문강(吻腔)의 상피 외에 주둥이의 의자포(擬刺胞, 독침과 같은 소기관)에 인접한 과립세포(알갱이 모습으로 보이는 세포)에 주로 분포한다는 것을 알게 되었다. 끈벌레는 입술(吻)을 뒤집어 튀어나오게 하여 먹이생물을 잡아먹는 섭이행동을 보이는데, 포식동물을 쉽게 잡기 위해서 과립세포에 축적해두었던 TTX를 의자포를 통해 먹이생물에 주입하여 마비시키는 것이 아닐까 생각된다.

이 밖에도 화살벌레류(arrowworms)는 머리에서 TTX를 분비하여 먹이생물을 마비시켜 잡아먹는다고 하며, 어떤 종의 납작벌레류(flatworms)는 인두(咽頭)에 TTX를 가지고 있어서 이것으로 자기보다 큰 고둥을 공격하여 잡아먹는다고 한다. 이처럼 TTX 보유동물은 먹이생물을 잡을 때 TTX를 적극 활용하고 있다는 것을 알 수 있다.

복어독은 심신안정물질이다

◦

49

자주복은 겉보기와는 달리 덩치에 어울리지 않게 매우 신경질적인 어류이다. 그래서 인공양식을 하면 쉽게 스트레스를 받아 상대를 서로 물어뜯기 때문에 양식업자는 정기적으로 자주복의 이빨을 잘라주어 입질에 따른 지느러미 특히 꼬리지느러미가 손상되는 것을 막아줘야 한다. 또한 자주복은 수산용 의약품으로 약욕(약물목욕)을 시켜 어병이나 기생충 등을 구제하고 있지만 충분한 효과를 얻지 못하고 때로는 대량 폐사를 일으키기도 한다. 이렇듯 양식 복어가 어병이나 스트레스에 약한 것은 본래 가져야 할 TTX를 갖고 있지 못하기 때문이라 생각되어 인위적으로 TTX를 먹여 복어의 건강상태를 조사해보았다.

우선 30~60일간 국매리복의 유독 부위를 추출하고 이를 사료와 섞어서 자주복에게 먹이면서 키워보았다. 그랬더니 독이 조금 들어간 사료를 먹인 자주복에서는 껍질과 간장에서 미량의 독이 확인되었고, 독이 많이 들어간 사료를 먹인 자주복에서는 껍질과 내장에서 소량의 독이 검출되었다. 간장과 난소와 같은 고(高)독성의 조직에서는 다량의 독이 검출되었다.

한편으로는 국매리복에서 무독한 살을 발라내고 유독한 껍질 등의 잔사(찌꺼기)를 사료와 섞어서 자주복에게 먹이면서 키웠더니 앞에서 언급한 유독 부위의 추출액과 섞은 사료로 사육했을 때보다 전반적으로 독의 축적이 더욱 많았다. 그리고 본래 자연산 국매리복은 근육과 정소는 무독으로, TTX를 첨가한 사료로 키우더라도 독을 축적하지 않았으며 일단 조직에 축적된 독은 독이 들어 있지 않은 일반 사료를 먹이더라도 줄어들지 않고 장기간 조직에 남아 있다는 결과를 얻었다.

이 실험들에서 TTX가 복어의 면역력에도 영향을 미칠 수 있다는 결과도 확인되었기에 이를 간단히 설명한다. 곧 사육을 모두 마친 실험 물고기에 대해 면역기능의 지표인 비장세포의 유약화반응(blastogenesis) 측정에서 TTX를 섞은 사료로 키운 복어는 일반 사료로 키운 복어보다 유의적으로 반응성이 높았다. 마찬가지로 양(羊)의 적혈구에 대한 항체 생산능력 조사에서는 역시 TTX를 넣은 사료로 키운 자주복이 일반 사료로 키운 자주복보다 2~5배 정도 유의적으로 높았다. 게다가 활주세포를 사용한 감염실험에서도 TTX를 먹인 복어가 그렇지 않은 복어와 비교해서 생잔(生殘)율이 약간 높았다. 비록 이런 결과가 나타나게 된 기작이 아직은 분명하지 않지만, 전반적으로 무독의 양식 복어에게 TTX를 섞은 사료로 키우면 면역기능이 활성화된다는 결과가 얻어졌다.

일본의 한 연구진은 자연에서의 환경과 유사하게 재현시킨 모의방류실험을 실시했는데, 이 실험에서는 크기가 같은 자주복 인공 종묘(무독)가 자연산 치어(유독)보다 포식자인 점농어(*Lateolabrax maculatus*)에게 더 잘 잡아먹힌다는 사실이 관찰되었다. 그 이유로는 유영행동의 차이나 독의 유무가 관여할 것이라 보았다. 따라서 유영행동이 자연산과 유사한 종묘를 만들거나, 또는 TTX를 먹여 키운 종묘라면 자연계에서의 생잔율이 높아질 것이므로 방류 효과를 높일 수 있을 것이라 하였다.

또 다른 연구진들도 무독한 자주복 인공 종묘에게 TTX를 투여하였더니 자연산 종묘처럼 수조 바닥을 유영하며 다니는 개체들이 많아졌고, 추미행동(다른 개체의 뒤를 따라다니면서 공격하려는 행동)의 빈도도 유의미한 차이를 보일 만큼 줄어드는 것을 관찰했다. 이것은 TTX의 공급으로 복어의 행동생태가 변했다는 말이다. 더욱이 무독한 인공 종묘에 TTX를 경구투여하고 면역조직화학적 방법으로 살폈더니 TTX가 혈액 뇌관문(BBB;Blood-Brain Barrier)을 통과해 뇌에 도달한다는 것이 확인되었고, 이와 더불어 유독한 자연 종묘에서도 뇌에 TTX가 분포한다는 것이 밝혀졌다. 이런 결과는 복어에서 TTX가 중추신경계의 정보전달제어에 관여하여 행동생태의 변화를 일으키게 했을 가능성을 시사한다.

이처럼 TTX 보유동물에게 TTX는 기피물질이나 공격물질로서 기능할 뿐 아니라 식욕을 돋우거나 면역력을 높이거나 스트레스를 줄여주는 등 섭취량만 적당하다면 적당한 음주가 사람에게 이득이 되듯이 TTX 보유동물의 생명 활동 전반에 영향을 미치는 각종 생리적 기능에 유익하게 작용한다고 여겨진다.

복어도 복어독에 중독되는가

◦

50

캘리포니아도롱뇽이나 명주망둑, 복어 외에도 많은 종의 생물들이 TTX를 보유하고 있다는 것은 앞에서 여러 차례 설명한 바 있다. 또한 TTX가 일반 어류에는 기피물질로 작용하지만, TTX를 보유한 동물에서는 섭이자극이나 유인물질로 작용할 수 있다고 하였다. 일반 어류에 치사량에 훨씬 미치지 못하는 TTX가 들어 있는 사료를 주면 먹으려 하지 않고, 설사 입안에 넣더라도 바로 토해내는 광경을 곧잘 볼 수 있다. 그러나 양식장에서 키우는 복어에게 TTX가 들어 있는 사료를 먹이면 별달리 거부하지 않고 잘 먹는데다가, TTX는 간장 등에 축적된다. 일반 어류와 복어류 간의 이러한 반응 차이는 후천적인 형질습득에 의한 것이 아니라, 선천적이며 유전적인 것임을 보여주는 예라 생각한다.

이를 설명하기 위해서는 앞에서도 Na^+(나트륨이온)채널에 대해 설명한 바가 있지만 이해를 돕기 위해서 다시 한 번 설명한다.

TTX가 신경이나 근육을 마비시킨다는 것은 오래전부터 잘 알려져 왔으나, 1960년에 세포 내 미소전극법을 개구리 근육에 적용한 실험으로 TTX가 Na^+채널을 선택적으로 저해시켜 마비를 일으킨다는 가설이 발표되었다. 그리고 이런 가설은 4년 후에 미국바다가재(*Homarus americanus*)의 거대신경섬유에 전위고정법을 적용한 실험을 통해 확실하게 입증되었다.

TTX가 Na^+채널을 저해하는 작용은 여러 면에서 흥미롭다. 우선 첫째로 TTX는 세포 밖에서 투여했을 때에만 효과가 있고, 세포 안에 투여했을 때는 저해효과가 없다. 국소마취약과 같은 비선택적 Na^+채널 저해제의 대부분은 세포 밖에서 효과가 있지만 막을 통과해서 채널의 안쪽에서 작용한다는 것이 알려져 있다. 둘째로 TTX의 구아니디움기(guanidium radical)는 Na^+채널을 통과할 수 있으나 나머지 부분은 너무 커서 지날 수가 없다. 그래서 TTX는 채널을 밖에서 막아 자극의 전달을 저해한다. 셋째로 TTX가 채널을 저해하여도 채널의 게이트기구는 자극에 의해서 정상적으로 개폐한다. 이런 특이한 자극을 반영하여 각 Na^+채널은 TTX에 의해 'all-or none'으로 저해된다.

한편, Na^+채널은 α $\beta 1$ 및 $\beta 2$ 서브 유니트로 구성되어 있으며, 각 서브 유니트는 4개(I~IV)의 상동 도메인이 있고 각 도메인에는 6개의 막관통영역(S1~S6)이 있는데, 각 도메인의 S5와 S6을 잇는 루프에 TTX가 결합해서 Na^+채널을 저해하는 것으로 알려져 있다.

이야기가 복잡해졌지만 간단하게 말하자면, TTX는 세포의 Na^+채널을 막아 신경흥분을 차단하지만 복어류를 비롯하여 TTX를 보유하는 동물은 보통의 Na^+채널(감수성채널) 외에 고농도의 TTX에 의해서도 닫히지 않는 구조를 한 내성형 Na^+채널(내성채널)을 가지고 있다. 이것은 채널을 구성하는 아미노산이 감수성채널과 내성채널 간에 차이가 있으며, 이런 차이 때문에 TTX가 결합하지 못하여 Na^+채널이 저해되지 않는다고 한다. 물론 이런 차이만으로 TTX에 대한 강한 내성을 모두 설명할 수는 없을 것이다. 이외에 TTX와 결합해서 TTX의 독성 발현을 저지하는 단백질이 존재하기 때문이라는 의견도 있다.

TTX를 보유하는 동물이 아무리 TTX에 내성이 있다 해도 전혀 아무렇지 않은 건 아니다. 다음에 나오는 표에는 TTX를 보유한 동물과 일반 어류와 포유동물이면서 실험동물로 가장 많이 이용되는 마우스에 대한 TTX 저항성을 정리하였다. 체중에 따라 치사량은 달라지기 때문에 계산상 각 생물의 체중을 마우스 20그램에 맞추어서 비교하였다.

표를 보면 알 수 있듯이 마우스는 1마우스단위(MU)이지만, 매끈이송편게는 1,000마우스단위이고, 명주망둑은 300마우스단위 이상, 일본도롱뇽은 10,000마우스단위 이상의 내성이 있다는 것을 알 수 있다. 그리고 참복과의 복어라도 어떤 속인지에 따라 저항성에도 큰 차이가 나는데, 예를 들어 참복속의 복섬과 졸복 그리고 무독성의 양식 자주복은 저항성이 300~750마우스단위 정도로 가장 높고, 그다

복어독 보유동물과 비보유동물의 복어독에 대한 저항성

이름(분류 · 독의 유무)	저항력(MU/20g)*
명주망둑(어류 · 유독)	>300**
일본도롱뇽(양서류 · 유독)	>10,000
매끈이송편게(갑각류 · 유독)	1, 000
복섬(참복과 · 유독)	700~750
졸복(참복과 · 유독)	500~550
양식 자주복(참복과 · 유독)	300~500
은밀복(참복과 · 통상 무독)	15~18
흑밀복(참복과 · 통상 무독)	19~20
불룩복(참복과 · 통상 무독)	13~15
거북복(거북복과 · 무독)	0.9~1.3
강담돔(일반 어류 · 무독)	0.8~0.9
돌돔(일반 어류 · 무독)	0.8~1.8
벵에돔(일반 어류 · 무독)	0.3~0.5
마우스(포유류 · 무독)	1

* 복강내투여에 의한 복어독의 최소 치사량(MU/20g체중)

** 근육내투여

음은 밀복속과 불룩복속으로 13~20마우스단위 정도이며, 그 밖의 참복과 복어는 일반 어류와 크게 차이를 보이지 않는다. 이를 달리 말하면, 우리들이 흔히 알고 있는 참복과의 참복속과 밀복속에 속하는 복어의 TTX 저항성은 일반 어류보다 수백 배 강하다는 것이며, 이런 사실은 유독 복어일수록 TTX에 대한 저항성이 매우 크고 독의 축적

능력도 크다는 것을 보여준다. 또한 무독의 양식 자주복도 TTX 저항성은 자연산 유독 복어류와 비교해도 별 차이가 없다. 이 결과는 치사량 이상의 독을 인위적으로 받아들인다면(물론 자연계에서는 있을 수 없는 일이지만) 아무리 복어류가 TTX에 대한 저항성이 높다고 하더라도 사망하지 않을 수 없다는 것을 의미하는 것이다.

복어알을 먹는다

∘

51

앞에서도 말했듯이, 복어의 난소는 복어 종류와 상관없이 대개 강독성 내지는 맹독성의 조직인데 그걸 먹는다면 당연히 놀랄 일이지만 실제로 먹기도 한다. 물론 그렇다고 날것으로 먹는 건 아니고 특별한 처리를 해서 먹는다. 혹시 '복어알쌀겨절임'이라고 들어본 적이 있는가. 이 음식은 말 그대로 복어알(난소)을 명란처럼 소금에 절인 것인데, 쌀겨와 함께 절여서 3년 이상 숙성시킨 것이다. 우리나라에서 간장이나 된장, 고추장 등 장류에 야채나 고기 등의 식재료를 절여두었다가 먹듯이 일본에서는 쌀겨에 절임하여 먹는 경우가 많다.

복어알에 들어 있는 TTX는 소금과 쌀겨와 함께 절여지면서 시간이 지나면 독성이 줄어들어 먹을 수가 있고 감칠맛이 높은 식품이 된다. 물론 이런 음식을 어디서나 만들어 먹는 것은 아니고 일본의 이시카와[石川]현에서만 만드는데, 그 역사는 에도[江戶]시대까지 거슬러 올라갈 정도도 깊다. 생선의 쌀겨절임은 북쪽의 홋카이도[北海道]부터 남쪽의 시마네[島根]현에 이르는 동해(일본해) 연안의 여러 지역에서 많이 잡히던 청어나 정어리, 고등어 등으로도 만들어 먹었던 매우 유서 깊고 귀중한 보존식품이었으며, 오늘날 복어알쌀겨절임을 만드는 지역도 이시카와현의 하쿠산[白山]시 미카와[美川] 지구나 가나자와[金沢]시 가나이와[金石] 지구 및 와지마[輪島]시 정도뿐이다.

복어알쌀겨절임을 만드는 방법은 다음과 같다.

난소를 복어에서 떼어내서 소금에 절였다가 소금기를 없앤 후에 쌀겨에 절인다. 복어로는 인근 해역에서 잡히는 까칠복을 주로 사용하는데, 난소는 맹독성이라서 그냥 먹는다면 성인 15~16명이 사망할 정도로 독성이 강하다. 그래서 독을 없애기 위해 가장 먼저 하는 작업 공정이 소금절임이다. 큰 통에 알을 깔고 그 위에 소금을 충분히 뿌린 다음 다시 그 위에 알을 깔고 소금을 뿌리는 작업을 반복해서 알이 소금에 잠기도록 하는데, 이렇게 했을 때 염분 농도는 약 30퍼센트 정도가 된다. 1년 정도 절여 두면 알의 크기는 줄고 독성도 30MU/g 정도로 줄어들며, 2년 정도 묵히면 5~10MU/g으로 줄어든다. 독성이 줄기도 하지만 워낙에 짜기 때문에 많은 양을 먹을 수 없다는 점도 안전성이 높은 이유이다.

독성이 줄어드는 것은 발효과정 중에 자라는 유산균이나 미생물에 의해 준다고 하는 설명도 있고, 염분 농도가 높아 절이는 동안 TTX

의 분자구조가 변해 줄어드는 것이라는 설명도 있지만 과학적인 확증은 아직 없기에 앞으로 연구가 기대되는 부분이다.

다만 복어알쌀겨절임을 누구나 만들 수 있는 것은 아니며, '이시카와현 복어 처리 등의 규칙에 관한 조례'에 따라 이시카와현에서도 허가를 받은 자격자가 정해진 기준을 만족시킨 처리시설에서만 만들 수가 있고, 최종적으로는 독성검사도 반드시 하여 안전기준(식품안전기준 10MU/g 이하)에 적합한 것만을 판매할 수가 있다.

복어간을 먹는다

。

52

동물의 간을 먹는 습관은 동서양을 막론하고 오래전부터 있었다. 예를 들면, 유럽 특히 프랑스에서 세계 3대 식재료 중 하나로 알려진 푸아그라(Foie gras)도 거위나 오리의 간이며, 중국 북방 지역에 사는 유목민들은 추위를 이기기 위해 들짐승의 간을 독주와 함께 먹는다고 한다. 우리나라에서는 돼지나 소의 내장을 순대로 가공하여 먹기도 하는데, 함께 간을 익히거나 날로 먹는다. 더욱이 우리나라에서는 아귀나 대구의 간도 즐겨 먹었고 일본에서도 오래전부터 아귀, 쥐치, 복어의 간을 먹어왔다.

다만 복어의 간장은 유독한 것이 많은데 일반인들은 복어를 제대로 판별하지 못했던 탓에 복어간을 먹고 사망하는 사고가 일본에서는 끊임없이 일어났다. 그래서 1983년 12월에는 후생성(지금은 후생노동성)에서 '복어의 위생 확보에 대하여'라는 지시를 각 지자체로 내리면서 먹을 수 있는 복어와 그 부위를 명문화하기도 하였다. 이 때문에 당시 지역특산물이었던 규슈[九州] 지방 오이타[大分]현의 '자주복간요리'가 음식점에서는 자취를 감추게 되었다.

하지만 앞서도 설명했듯이, 양식한 복어는 TTX를 가지지 않기 때문에 간정도 안심하고 먹을 수 있다는 사실이 밝혀지면서 일본의 일부 지역에서는 복어간요리를 지역특산물로 부활시키려 하고 있다. 이를 위해 2005~2009년에 걸쳐 도쿄와 나가사키에서는 양식 자주복간요리의 시식회가 열리기도 하였다. 물론 안전을 위해서 미리 마우스를 사용한 독성검사를 하여 안전하다고 확인된 것만을 사용했다. 시식자들의 의견을 정리해보면, 참치의 뱃살처럼 진한 맛이 느껴진다고 하기도 하는데 실제 복어간의 기름에는 EPA나 DHA와 같은 유익한 지방산이 많이 들어 있다는 것이 밝혀지기도 했다. 아직은 후생노동성의 규제 때문에 언제 어디서나 쉽게 먹을 수 있는 음식은 아니지만 '복어알쌀겨절임'이 이시카와현의 향토음식으로 인정되어 일반인들이 쉽게 먹을 수 있게 되었듯이 앞으로는 '복어간요리'도 어디서나 먹을 수 있는 날이 올 것이라 생각한다.

복어독의 5W1H

53

어떤 내용을 기사로 할 때는 육하원칙(5W1H)에 입각해야 한다는 것은 잘 알고 있을 것이다. 곧 '누가(who), 어디서(where), 언제(when), 무엇을(what), 어떻게(how), 왜(why)'를 설명하면 독자가 더 정확하게 이해할 수 있기 때문이다. 그렇다면 '복어는 복어독을 갖는다'는 명제하에 이를 육하원칙에 따라 살펴보는 것도 흥미롭겠다.

먼저 '누가(who)' 독을 만드는 걸까? 현시점에서는 세균이 TTX를 만든다는 것이 여러 연구자들에 의해 확인되었다. 물론 세균이 만드는 양은 아주 적기 때문에 세균만으로 복어의 독화를 설명하기는 아직 어려울 듯하며, 어쩌면 TTX를 만드는 미소생물이 더 있을지도 모르겠다.

다음으로 '어디서(where)'를 살펴본다. 복어는 간장이나 난소에 고농도의 독을 축적하는데, 복어의 간세포에서 TTX의 분포를 살펴보면 세포질에 많이 분포하고 그 밖의 여러 소기관(organelle)에도 소량이 분포한다는 것을 알 수 있다. 더 상세하게 세포 내 분포를 알게 된다면 TTX가 복어 체내에서 어떤 생리적인 역할을 하고 있는지를 알게 될 수도 있을 것이다.

'언제(when)'를 알아본다. 만약 세균이 TTX를 만든다고 하면 언제 독을 만드는 걸까? 그리고 언제부터 독을 가지기 시작하는 걸까? 알에서 검출되었던 독은 부화한 후에도 여전히 남아 있을까? 만약 복어의 독성이 변한다고 한다면 언제부터 이런 변화가 일어나는 걸까? 그리고 사람에게 중독을 일으킬 정도의 다량의 독은 언제부터 갖게 되는 걸까? 등등 갖가지 의문이 남는다. 아직은 확실하게 밝혀져 있지 않지만 앞으로 밝혀지길 기대해본다.

'무엇(what)'을 알아본다. TTX는 어떤 것(what)으로부터 만들어지는 것일까? 이전에 미국 로드아일랜드대학교(University of Rhode Island)의 시미즈 미노루[淸水讓] 교수 등이 TTX의 생합성 경로를 조사한 적이 있었으나 여의치 못했다. 그리고 일본 도호쿠[東北]대학의 야스모토 다케시[安元健] 교수 등은 아미노산인 아르기닌(arginine)과 이소프렌(isoprene) 또는 구아니딘(guanidine), 펜토스(pentose)가 복어독의 출발물질이라는 생합성 경로를 추정하고, 이제껏 발견된 많은 복어독 유도체가 복어독 생합성 과정의 중간물질이라 가정한다면 중간물질이 TTX로 변환되는 것은 주로 산화반응에 의한다는 가설을 세우기도 하였다. 어느 경우이건 TTX의 생합성 경로를 밝히는 것은 TTX에 관해 남아 있는 최대의 수수께끼라고 할 수 있을 것이다. 이것도 이른 시일 안에 밝혀지기를 기대한다.

다음으로는 '어떻게(how)'를 알아본다. 복어는 TTX를 어떻게 체내에 축적할 수 있을까? 복어는 주로 먹이사슬에 의해 독화한다는 것이 여러 실험을 통해 증명되었는데, 먹이와 함께 먹은 TTX가 어떻게 간장에 축적되는지를 알아보기 위해 일본 도쿄해양대학의 나가시마 유지[長島裕二] 교수 등은 TTX의 축적 과정을 소화관에서의 흡수, 혈액에 의한 운반, 간장으로의 흡수와 같이 3과정으로 나누어서 살펴보았다. 그 결과 TTX를 갖는 복어들은 TTX를 갖지 않는 일반 어류들에 비해 간장에서의 흡수에서 큰 차이를 보였으며, 복어는 TTX를 적극 받아들이는 데 비해서 일반 어류는 그렇지 못하다는 것을 밝혀내었다. 이는 복어의 간장이 독화의 열쇠라는 것을 보여준다.

마지막으로 '왜(why)'를 알아본다. 이것은 아주 어려운 문제로 복어에게 물어볼 수 있는 게 아니라서 전적으로 사람이 마음대로 추측할 수밖에 없겠는데, 복어가 고농도로 TTX를 축적하는 데는 나름의 이유가 있을 것이라 생각하는 게 가장 합리적일 것이다. 표범무늬낙지는 먹이를 잡아먹을 때 공격물질로 이용하는 듯하지만 복어는 그렇게까지 적극적으로 독을 이용하지는 않는 듯하다. 그보다는 포식자로부터 자기를 지키기 위해 적이 싫어하는 물질(기피물질)로 이용할 것이라는 생각이 더 타당할 것이며, 이것은 실제 실험으로도 입증되고 있다. 이외에 페로몬으로서도 기능한다고 여겨진다. 그리고 TTX를 갖지 않는 양식 자주복은 서로를 물어뜯는 공식(共食)행동을 보이기도 하며, 세균이나 바이러스 감염증 또는 기생충병에 대해 저항성이 약하다는 것이 잘 알려져 있기도 하다. 양식장처럼 제약된 사육환경 속에서 키워지다 보니 스트레스도 많겠지만, 독의 유무가 복어의 생리적 조건에 영향을 미치고 있을지도 모르겠다. 이와 관련하여 일본 나가사키대학의 아라카와 오사무[荒川修] 교수 등은 독을 갖지 않는 양식산 자주복에게 TTX를 주어 이들의 면역기능에 미치는 영향을 조사하였는데, 면역력이 향상되었다는 결과를 얻었다.

이상의 결과는 TTX가 복어의 생육에 필요하다는 것을 보여주며, 앞으로 TTX가 복어를 비롯하여 TTX 보유동물에서 어떤 생리기능을 하는지에 관해 더 많은 연구 결과가 나오길 기대한다.

복어독과 임상

。

54

TTX를 임상에 응용하려는 노력은 이전부터 있었고, 지금도 꾸준히 이루어지고 있다. 다만 아직은 시험단계라서 임상에 사용되고 있지는 못하다. 이런 시도의 대부분은 TTX가 가진 강력하면서도 선택적인 Na^+채널 저해작용을 이용하는 것인데, 이때 나타나는 가장 큰 부작용은 저혈압이다.

TTX 저항성 Na^+채널은 통증을 중추로 전달하는 C섬유에 분포하고 있다. 따라서 TTX 저항성 Na^+채널을 저해하고 TTX 감수성 Na^+채널을 저해하지 않는 화합물을 찾는다면 부작용이 없이 통증을 억제할 수 있을 것이다. 시험관실험(*in vitro*)에서는 이런 효과가 있는 것을 발견하기도 했지만 아직 임상에서는 성공하지 못했다.

또한 뇌경색을 동반한 허혈에 대해 신경을 보호하는 약물로 사용될 수 있을 것이라 기대되고 있는데, 이것은 TTX가 신경말단을 저해하여 허혈과 함께 신경말단에서의 글루탐산 방출을 억제하는 것으로 여겨지기 때문이다. 해독제 개발에서도 TTX에 대한 모노클로널항체를 만들려는 시도가 여러 차례 있었고 어느 정도 성공했다는 보고가 있으나, 최종적으로 안전하고 효과적인 해독제의 개발은 이루어지지 않고 있다.

한편, TTX의 마비 작용을 이용하여 암 환자의 통증을 경감시키기 위한 아주 낮은 농도의 TTX를 근육에 주사한다고도 하는데 효과의 지속 기간이 길다고 한다.

그런데 오늘날에도 여전히 TTX를 마치 기적의 치료제로 오해시킬 수 있는 내용의 글들이 인터넷에서 쉽게 눈에 띈다. 최근의 인터넷기사(http://news.kbs.co.kr/)를 소개하자면, 식품의약품안전처는 임의로 복어환을 만들고 '복어독의 신비'라는 인터넷카페를 통해 판매한 사람을 붙잡았다고 한다(2017.04.26). 매우 어처구니가 없는 이야기로 환자의 절박한 마음을 이용한 악랄한 상법이 아닐 수 없다.

물론 민간요법에서는 복어를 약용으로 사용하기도 한다. 중국 저장[浙江]성에서는 국매리복의 어란을 부수어서 유방암 환부에 붙이는데, 유방암의 증상을 개선하는 작용이 있다고 한다. 그러나 이 경우에도 먹기보다는 바르는 처치를 하기 때문에 강독을 가진 알이라도 환자의 생명을 위협하지는 않는다.

이처럼 복어의 독을 약으로 사용하기 위해서는 아직까지도 많은 연구가 필요하다. 뿐만 아니라 섣부르게 자가치료 등에 이용하는 것은 매우 위험하므로 하루빨리 여러 약물로 개발되기를 조금 더 기다려야 할 것이다.

참고문헌

안대희·이용철·정병설 지음,『18세기의 맛』, 문학동네, 2014

松村健道,『性フェロモンとしてのフグ毒テトロドトキシン』, 生物の科学遺伝, 1996

中山 仁,『フグはなぜ自分のフグ毒に中毒しないのか』, 化学と生物, 1995

橋本芳郎,『魚貝類の毒』, 学会出版センター, 1980

厚生省生活衛生局牛肉衛生課編,『改訂 日本近海産はフグ類の鑑別と毒性』, 中央法規出版, 1994

野口玉雄,『フグはフグ毒をつくらない』, 成山堂書店, 2010

松浦啓一·長島裕二,『毒魚の自然史』, 北海道大学会, 2015

塩見一雄·長島裕二,『新 海洋動物の毒 - フグからイソギンチャクまで』, 成山堂書店, 2013

海沼 勝,『フグの本』, 柴田書店, 1975

中原雅夫,『ふく百話』, 西日本教育図書, 1973

Okita K, Yamazaki H, Sakiyama K, Yamane, H, Niina S, Takatani T, Arakawa O, Sakakura Y. 2013. "Puffer smells tetrodotoxin". Ichthyol. Res., 60, 386-389.

Hanifin CT. 2010. "The Chemical and Evolutionary Ecology of Tetrodotoxin (TTX) Toxicity in Terrestrial Vertebrates". Mar. Drugs. 8(3), 577-593.

Simidu U, Noguchi T, Hwang DF, Shida Y, and Hashimoto K. 1987. "Marine bacteria which produce tetrodotoxin". Appl Environ Microbiol. 53(7), 1714-1715.

Chau R, Kalaitzis JA, Neilan BA. 2011. "On the origins and biosynthesis of tetrodotoxin". Aquatic Toxicology. 104, 61-72.

Matsumura K. 1995. "Tetrodotoxin as a pheromone". Nature. 378, 563-564.